DAS WETTER IN UNS

Désirée Opela

DAS WETTER IN UNS

Roman

Faber & Faber

Als Nadja endlich das Kreuz erreichte, leuchteten die durch ihre Finger hindurchscheinenden Weiten wie im Feuer. Die Sonne stand schräg am Himmel, immer noch regte sich kein Wind. Nadja zog den Rucksack von den Schultern und stieg durch das ästige Gebüsch, um auf die dichtbewachsenen Hügelbetten hinunterzusehen, die die Erosion nach dreihundertmillionen Jahren zurückgelassen hatte. Irgendwo felsaufwärts ihres Standorts, etwas weiter nördlich, musste sich nun der Stráž befinden. Nur wenige, einzeln emporsprießende Nadelbäume umgaben sie hier oben, während der Waldweg zur Klause üppig gewesen war und schließlich das Wasser freigegeben hatte, auf dem sich die umliegenden Bäume spiegelten.

Nadja holte ihren Skizzenblock aus dem Rucksack, aß Käse und Obst. Seit zwei Tagen war sie niemandem begegnet. Um sie herum war nur das Knacken des Waldes gewesen, und dieses, Teile des Wegs mit der Helligkeit der angrenzenden Talseiten miteinander verschmelzenden Lichts. Vereinzelt lagen massive Granitblöcke an den Ufern der Gletscherbäche, deren Rauschen in die Pendel der Gräser und Moorlandschaften überging.

Ein paar Meter weiter fand sie nun einen felsigen Vorsprung, der sich gut als Schlafplatz eignete. Nadja schlug ihr Zelt auf und streckte ihre Beine aus, die vom ständigen Laufen kraftvoll und widerstandsfähig geworden waren. Auf der Karte malte sie den Weg nach, den sie gegangen war, und blickte vom Inneren des Zeltes aus auf die sich verfärbenden Wipfel der Bäume, bis sie einschlief.

Am darauffolgenden Tag traf sie auf eine Gruppe Handwerksgesellen. Direkt nach dem Aufstehen hatte sie das Quellgebiet an der böhmischen Grenze durchquert, hinter dem sich der tschechische Teil der Moldau in Stožec mit der Moldau aus dem deutschen Haidmühle verband. Die Teplá Vlatava begann im tiefsten Urwald, wo die benachbarten Regionen jahrzehntelang militärische Sperrzone gewesen waren.

Hier gab es überall Felder und Stauseen, durch deren Wehre die Moldau strömte und weite Schluchtenebenen durchquerte, an Burgen und Dörfern vorbei.

Die Gesellen hatten in Vyšší Brod übernachtet, einer Gegend, in der sich das Wasser durch die vielen Moorgebiete tiefschwarz verfärbt hatte. Obwohl wenig Sauerstoff im Boden war, wuchsen überall wundersame Pflanzen, die Nadja noch nie zuvor gesehen hatte. Weißes Wollgras, purpurner Enzian und Sonnentau. Von den Gesellen erfuhr Nadja, dass er Insekten fraß, um sich zu nähren.

Einige Stunden liefen sie wortlos miteinander, wuschen sich an Quellwasserfällen und füllten ihre Trinkbeutel auf. Abwechselnd fiel ein Teil der Gruppe hinter die anderen zurück, sodass die weiter vorne Laufenden immer wieder wie von selbst anhielten, in weiten Bögen ausströmten und schließlich, wieder auf dem Weg angekommen, zur Gruppe zurückkehrten. Obwohl es sehr warm war, regnete es am Nachmittag in Strömen, sodass der Boden erdig und weich roch, vermischt mit dem Geruch von nassem Gras und Harz. Nur vereinzelt stießen sie auf marodes Geäst, das der Winter zurückgelassen haben musste.

Bei Anbruch der Dämmerung brieten sie frisch gefangenen Barsch, zu dem sie Brot aßen sowie selbstgebrannten Schnaps tranken. Die Gesellen erzählten von der Arbeit in den Wäldern und von einer Zeit, in der der ganze Osten rot gewesen war. Davon, dass die unterschiedlichen Teile des Böhmerwaldes erst nach dem Sturz der totalitären Regime durch Grenzübergänge miteinander verbunden worden waren. Einige der Gesellen wollten in den kommenden Monaten auf einer Baustelle in der Nähe von Prag arbeiten. Nadja erfuhr, dass es hier noch Handwerke gab, die ansonsten fast überall verschwunden waren. Manche von ihnen würden direkt in Familien untergebracht sein, um in lokalen Betrieben oder bei den bevorstehenden Frühjahrsmärkten und Bauernfesten mitzuhelfen.

Zum Zeichen des Abschieds legten sie Nadja abwechselnd die Hände auf die Schultern. Als sie zu ihrem Zelt ging, stimmten die Gesellen in volkstümliche Choräle ein, und von ihrem Schlafplatz aus blickte Nadja noch eine Zeit lang auf die in der langsam erlöschenden Glut sich bewegende Gemeinschaft.

In den darauffolgenden Tagen war Nadja alleine weitergelaufen. Nach der drückenden Hitze blieb der Himmel nun von Wolken bedeckt, die nach anfänglicher Diesigkeit endlich kühlen Wind gebracht hatten, sodass die hohen Gräser sich bogen wie unter Wasser und die feuchte Landschaft fast etwas Skandinavisches oder Baltisches hatte. Durch die dunstigen Schwaden sahen die durch die Baumreihen vereinzelt hindurchleuchtenden Sonnenstrahlen aus wie Heiligenscheine.

Nadja öffnete ihren Rucksack und aß von den letzten Resten Proviant, die die Wandergesellen mit ihr geteilt hatten. Obwohl sie jeden Tag an die zehn Stunden unterwegs gewesen war, verspürte sie keinerlei Müdigkeit. Es gab nur die tiefe Ruhe des Waldes und die grünen Weiten der Felder, auf dessen Bahnen Nadja lief, wie eine Mikrobe im All. Erneut schulterte sie ihre Sachen.

Nach ein paar Tagen würde sie schließlich das Erzgebirge erreichen, wo Marek auf sie wartete.

Von jetzt an lief Nadja den ganzen Tag, ohne Rast zu machen. Als die Wolken aufrissen, schwelten die sie umgebenden Waldungen wie Böhmisches Glas.

Joyce drückte zwei Stück Süßstoff in ihren Kaffee und rührte geräuschlos darin herum, legte den Löffel auf der Untertasse ab, und umspannte die Tasse mit ihren gepflegten Fingern, an denen der Lack immer zuverlässig saß.

- Anfang dreißig ist die zweite Pubertät, sagte sie und durchsuchte die Enden ihres Pferdeschwanzes nach Spliss.

Ihre Finger flogen schnell über die Tastatur, bevor sie sich in ihren Drehstuhl zurückfallen ließ. Auf jeden Fall ertappst du dich dann plötzlich dabei, wie du mit deinem Freund übers Wochenende eine Berghütte buchst. Wir haben jetzt eine, über Airbnb, das musst du mal machen. Whirlpool, alles da. Die Küche, sie formte mit den Lippen ein tonloses Wow, sagte dann exzellent, und legte die Unterarme auf den Stuhllehnen ab.

- Na ja, aber weißt du, dann nimmt man halt einfach ein bisschen MDMA, und schon ist die ganze Sache auch nicht mehr so spießig. Ich meine, Patrick steht eigentlich gar nicht auf so was, sagte sie und zog lächelnd die Schultern nach oben, strich sich die Haare an der Stirnfront glatt, an der keine Strähne verrutschte, die immer akkurat saß, wie angetapt.

Sie konnte Fünfzig-Mann-Meetings becatern und innerhalb von fünf Minuten zehn Clipboards in den Präsentationsraum schleppen, ohne dass ihre Frisur im Geringsten verrutschte, sie umklammerte straff und fest ihren Kopf.

- Hier schau mal, sagte sie und nickte in Richtung Nadjas Telefon, das zweimal kurz vibrierte. Das ist Patrick beim Jäten, sagte sie mit dunkler Stimme und zog die Augenbrauen nach oben.

- Häuslich, sagte Nadja, und betrachtete Patrick, wie er im Jogginganzug vor dem Gemüsebeet kniete.

In der Galerie ihres Telefons befanden sich unzählige Bilder von Patrick, wie er Dinge tat, und Joyce, wie sie zusammen Dinge taten, Patrick und Joyce in Thailand, Patrick beim Bouldern, Joyce und Patrick beim Griechen, Patrick beim Crêpes machen, Joyce, wie sie Patricks Crêpes isst. Über ihr Telefon hinweg beobachtete Nadja Joyce dabei, wie ihre Finger in Höchstgeschwindigkeit eine Nachricht verfassten.

– Wir haben jetzt dann die Bewirtung, sagte sie, und legte das Telefon neben der Tastatur ab, auf der sich ihre Finger in der gleichen Geschwindigkeit weiterbewegten.

Nach der Arbeit hängte Nadja ihr Meetingoutfit an den Garderobenständer und stellte sich unter die Dusche. Die Endoskopienähte waren fast verheilt, nur an einem der vier kleinen Kreuzstiche stach der durchsichtige Nylonfaden noch ein wenig, wenn man darüberfuhr, und blieb manchmal am Bund der Unterhose hängen. Durch den Krankenhausaufenthalt gab es viel nachzuarbeiten, sodass sie jeden Abend noch mal zwei Stunden am Arbeitsrechner saß oder ihn mit ins Bett nahm, wo sie ihn auf ihren ausgestreckten Beinen aufklappte.

Endlich konnte sie wieder arbeiten. Nur das ständige Sitzen im Büro war ein Problem, ihre Beine waren geschwollen und schwer. Keine Langstreckenflüge, so die Ärztin, kein Nikotin, und machen Sie Sport. Die Hormone hatten ihren Körper auf eine Weise verändert, dass sie nicht dagegen ankam. Die Haut war fahl geworden, das Gesicht aufgequollen, aber da sie nicht ausging, war es ihr egal geworden. Sie hatte sich die Haare gefärbt und das Blech aus dem Körper entfernt. Sie machte einen guten Job in einem guten Team. Gemeinsam waren sie, was sie leisteten, und was sie leisteten, machte sie stark. Als Nadja Netflix öffnete, bekam sie noch eine Snapchat-Nachricht von Joyce, in der ihr Gesicht so designet war, dass es aussah wie die verniedlichte Version von Grace Jones. Nadja fotografierte den Laptopbildschirm auf ihren Beinen und las die Chatverläufe aus der Arbeit, bis sie einschlief.

Der Grabstein war aus weißem Marmor. Ihre Mutter hatte ihn extra in Spanien anfertigen lassen. Es hatte Monate gedauert, bis sie zufrieden war. Anfangs war der Schriftzug zu dunkel gewesen, dann waren die Lettern der Lebensdaten in Relation zum Namen zu klein. Wenn sie sich trafen, hielten sie sich an den Händen und berührten den Stein von beiden Seiten. Während Agnes weinte, sah sich Nadja auf dem Friedhof um. In den letzten zwei Jahren waren einige Gräber dazugekommen, bei zweien war die Erde noch ganz frisch. Nadja hatte die Urne damals die letzten Meter zum Friedhof getragen. Sie war biologisch abbaubar und so groß wie ihr Oberkörper. Aus einem Teil der Asche hatte sich Agnes einen Diamanten pressen lassen, den sie seitdem am Finger trug. Nicht mehr ganz so regelmäßig wie am Anfang, aber immer noch mit dieser besonderen Aura, mit der sie dann ihre Finger betrachtete, wenn sie zusammen am Tisch saßen, auf dem an manchen Tagen immer noch ein Platz für Marek mitgedeckt war. Das hatte Agnes von Karl. Er hatte gesagt, es sei gut fürs Karma. Dabei hatte sich der große Adamsapfel über seinen Hals geschoben wie ein Knochen, der nicht den richtigen Platz im Körper gefunden hatte, während Karl dafür sorgte, dass in Agnes' neuer Wohnung alles in energetisch günstigen Feldern lag. Sie hatten sich bei einer Art Selbsthilfegruppe getroffen, in der sie regelmäßig versuchten, mit den Verstorbenen in Kontakt zu treten.

- Das ist doch auffällig, hatte Agnes gesagt, und einige Fotos auf dem Tisch ausgebreitet. Siehst du, genau da. Sie hatte den Finger nacheinander auf einige etwas unscharfe Bildsegmente gelegt, in denen kleine Lichtwirbel zu erkennen waren. Es waren die Fotos der ersten Weihnachten ohne Marek gewesen, und Agnes war davon überzeugt, dass seine Anwesenheit zwar für sie nicht sichtbar war, sich aber in energetischen Spuren manifestierte.

- Ich hätte die Möglichkeit, mitzukommen, sagte Agnes jetzt. Ein befreundetes Ehepaar hatte ein Haus in einer spanischen Provinz, in das Nadja und ihr Bruder früher mehrmals mitgefahren waren. Das Haus lag direkt an der Küste und war eine

Mischung aus baskischem Landhausstil und den neuzeitlichen Bauten des Stadtzentrums. Die Küche bestand nahezu ausschließlich aus Glas und Titan, und Nadja erinnerte sich an den riesigen Fernsehbildschirm im Wohnzimmer, der aus den antiquierten Holzmöbeln herausstach, die auf sie früher wie aus einem Schloss gewirkt hatten. An der Küste regnete es oft und war windig. Morgens konnte man vom Pool aus die Paraglider an den Klippen starten sehen, an denen sie abends spazieren gegangen war, während die großen Scheiben der Terrassentür den Lampenschein des Hausinneren widerspiegelten und man den kreisenden Lichtwurf des Leuchtturms sehen konnte, der manchmal das Haus streifte. In der Kathedrale am Plaza de Santiago hatte Nadja damals dasselbe kurze Zucken zwischen den Schulterblättern überkommen, das sie schon als Kind immer hatte, wenn sie vor etwas stand, das sie rational nicht begreifen konnte. Wie die Fenstermalereien in alten Kirchen oder Fresken, die sie wie leise Gesänge wahrnahm und die damals auch unter dem Querschiff der Kathedrale in ihren Ohren erklungen waren, als läge hinter Nadja ein langer Flur, der direkt in eine andere Zeit führen würde, in der die Menschen im Kreis standen und vibrierende Choräle sangen.

- Ja klar, sagte ihr Bruder jetzt und war mit seiner Portion schon beinahe fertig. Von Mal zu Mal fühlte er sich unwohler in ihrer Gesellschaft. Er wollte sein eigenes Leben führen. Die Hilflosigkeit der beiden klebte an ihm wie Teer.

- Wir haben immer noch diese Verbindung, sagte Agnes. Marek würde das verstehen. Sie zeigte mit der Hand durch ihr neues Zuhause. Sie war sich sicher. Tief in ihrem Inneren wusste sie das. Es musste einfach so sein. Wäre da nicht manchmal dieser kleine Zweifel gewesen. Ein kleiner, nagender Zweifel daran, ob sie es richtig gemacht hatte.

Valentin wischte sich die Sauce aus den Mundwinkeln, nahm die Flasche, schüttete zuerst der Mutter nach und dann sich selbst.

- Wirklich keinen Schluck? sagte er und schaute Nadja an. Sie war lustiger gewesen, als sie noch getrunken hatte.

Agnes schwenkte das Glas in kreisenden Bewegungen und trank. Es war ein guter Wein, das wusste Nadja. Immer wieder hatte ihr Vater eine Kiste davon mitgenommen, wenn sie nach Spanien gefahren waren. Er schmeckte nach Wald und weichem Stein. Nadja schüttelte den Kopf. Ihre Mutter hielt das Glas in die Richtung des Familienfotos, das sie über das Mahagoniregal gehängt hatte.

- Irgendwann bring ich ihn um, sagte Joyce, als sie ihr Sandwich aus der Aluminiumfolie wickelte und mit gespitzten Lippen die Gemüse- und Fischfäden aus dem mit Sauce getränkten Weißbrot zog, ohne dass ein Tropfen danebenging.

- Wenn er das unbedingt will, muss er eben gehen. Mir macht er jedenfalls kein Kind in den Bauch, ich bin doch nicht bescheuert. Soll ich das hier alles aufgeben, sagte sie und deutete mit der Hand an ihrem Körper entlang. Und jeder weiß doch, wie schwer es ist, danach wieder reinzukommen. Dann schauen die dich an, weißt du, als wärst du irgendwie krank oder so.

Sie hatte es oft genug gesehen. Die Frauen in ihrem Bekanntenkreis quälten sich monatelang, um wieder in Form zu kommen. Hatten sie es endlich geschafft, wirkten sie wie leere Puppen, die in kleinen Herden ihre hungrigen Kinder durch die Straßen vor sich herschoben. Sie war nicht so dumm, sie würde nicht alles aufs Spiel setzen. Man tat sich zusammen, das schon. Aber am Ende musste man ja selbst schauen, wo man blieb. Da konnte man sich nicht einfach an ein Projekt klammern, das dann das Kind war. Das Kind, das eine traurige Zukunft vor sich hatte, weil es spürte, aber nicht begreifen konnte, dass es die Angst der Erwachsenen nie würde tilgen können, wegen der es den Rest seines Lebens dazu verdammt war, an allem zu scheitern, da es nie gut genug sein konnte.

Nadja legte die Beine auf den umgedrehten Mülleimer unter dem Schreibtisch und verschränkte ihre Arme hinter dem Kopf.

- Die werden alle vollkommen gestört. Und die Kinder, die erst recht, sagte Joyce mit vollem Mund. Sei froh, dass du nicht kannst.

Dann schaute sie Nadja mit vollen Backen an und hustete in die vorgehaltene Hand.

- Scheiße, manchmal bin ich wirklich eine Bitch, sagte sie, und pulte mit der Zunge in der kleinen Lücke zwischen ihren Schneidezähnen herum, die bei ihr einen ähnlichen Effekt ausmachte wie bei Vanessa Paradis - zu Anfang fand man es niedlich, aber wenn sie mit vernichtendem Blick an einen herantrat, sah sie eher aus wie eine Cracknutte.

Im Nachmittags-Jour-fixe sprachen sie über die Umstrukturierung der Abteilung. Ziel war es, ein höchstes Maß an Flexibilität wie Effizienz zu erreichen.

- Vergesst nicht, sagte Jens, wir sind die Summe aller Einzelnen von euch. Ihr bestimmt alle mit, jeder mit seinen Stärken und seinem Wissen. Natürlich gibt es noch viel zu tun. Einiges müssen wir jetzt reaktiv schaffen, aber manchmal muss man einfach springen. Und ich versichere euch, wir sind auf dem richtigen Weg.

Er durchschritt die Innenseite des aus den Tischen geformten großen Us und sah jedem nacheinander in die Augen.

- Das kann er richtig gut, flüsterte Joyce, und lehnte sich mit überschlagenen Beinen zurück.

- Wir haben schon viel erreicht, und wir werden noch viel mehr schaffen. Also seid kreativ, findet euch zusammen. Denkt nicht linear, denkt strategisch. Denkt in übergreifenden Prozessen. Erst wenn wir innerhalb der Teams eine größtmögliche Transparenz haben, können wir stabil nach außen agieren. S.M.A.R.T. Wir erinnern uns? fragte er, und seine Stimme wurde lauter dabei, während allen plötzlich wieder eine Anekdote des Teambuildingseminars durch den Kopf ging, bei dem es heiter zugegangen war.

Auf Firmenkosten waren sie drei Tage in einem kleinen Schloss im Allgäu untergebracht gewesen. In den drei Tagen hatten sie herausgefunden, welche Typen sie waren, was ihre Stärken und Schwächen waren, und wie sie sich aufstellen müssten, um sowohl nach innen als auch nach außen konstruktiv und effizient zu sein. Es war wichtig, dass sie nicht alle die gleiche Sprache sprachen, von so etwas lebte ein gutes Team.

- Wir, hatte der Coach gesagt, und dabei zu seiner Frau geblickt, die gleichzeitig seine Arbeitspartnerin war, haben auch nicht immer nur harmonische Zeiten. Aber ihr müsst immer das große Ganze im Auge behalten. Lasst euch nicht von Meinungsverschiedenheiten beirren, nutzt sie zu eurem gemeinsamen Vorteil. Sie lächelten sich zu, und Nadja hatte überlegt, was sie als Erstes tun würden, wenn sie abends, ermattet von einem weiteren Tag mit eifrigen Projektleitern in ihr gemeinsames Zuhause fahren würden.

- S.M.A.R.T., wiederholte Jens nun und nickte dabei in die hoffnungsvollen Gesichter seines Teams, bevor alle neuen Mutes in ihre Büros verschwanden und Nadja und Joyce darauf achteten, dass der Sitzungssaal im Anschluss wieder in einwandfreiem Zustand war.

- Schau nicht immer so rüber.

- Was meinst du? fragte Nadja und drehte sich frontal zur Kamera.

- Du schaust immer so rüber, als würde dich gleich jemand erwischen. Das sieht später dann so aus, als hätte ich dich heimlich gestalkt oder so.

Clemens hielt ihr die Kamera vors Gesicht und spielte die einzelnen Bilder in schnellem Tempo ab.

- Da siehst du.

Er grinste breit. Sie holten sich einen Kaffee an der Tankstelle und setzten sich auf den warmen Teerboden des menschenleeren Supermarktparkplatzes.

- Was willst du eigentlich mit den ganzen Videos machen?

- Nichts.

- Ah.

Er lachte. Seine Augen waren völlig entspannt, immer wieder leuchtete sein Profil in der tief stehenden Sonne auf, und verschwand wieder im Halbschatten, sodass es aussah, als würde er an einen Ort in sich kehren, der nur ihm gehörte und ihn gleichzeitig mit der Welt verband.

Wenn Nadja mit Clemens zusammen war, war es ihr egal, ob sie im nächsten Moment sterben würde. Nicht, weil sie alles als so sinnlos empfand, sondern weil in ihr dann diese Ruhe war. Vor ein paar Monaten hatte das mit den Zuständen angefangen. Meine Hände, hatte sie zu Clemens gesagt und sie vor sich in die Kamera gehalten, als wären sie amputiert. Sie konnte nichts mehr greifen und hatte Schwierigkeiten, zu atmen.

Oft hatte es direkt nach dem Aufstehen begonnen, und nichts davor hatte jemals diese Gewalt gehabt, die Nadja für kurze Zeit zusammengekauert auf dem harten Küchenboden zurückgelassen hatte, auf dem sie ihren Kopf zu Matsch schlagen wollte, wie ein Getretener, einer, der zu schwach zum Leben ist. Wie damals, als ihr die Nachbarin ihre Katze gebracht hatte, diesen kleinen, leblosen Körper auf einem Stück Karton, und Nadja schon vorher gewusst hatte, dass etwas Furchtbares geschehen war. In der Nacht darauf war sie in die Küche gegangen, weil sie sich eingebildet hatte, das Geräusch des Wasserschälchens auf den Fliesen gehört zu haben, und in der Vorstellung, dieses Geräusch nie wieder hören zu können, hatte Nadja das Schälchen selbst über die Fliesen geschoben und sich daneben gelegt, bis ihre Mutter am Morgen in die Küche gekommen war. Nadja hätte die ganzen weichen Streusel vom Kuchen gegessen, hatte sie geschimpft, und Nadja erinnerte sich an nichts.

In den letzten Wochen hatte sich die Anzahl an Rundmails mit wichtigen Neuerungen verdreifacht. Und was heißt das jetzt genau? war die Frage, die ihnen am häufigsten gestellt wurde. Nadja aktualisierte ihre Kalendereinträge und bereitete die Folien für den nächsten Jour fixe vor.

- Jetzt reicht's, sagte Joyce nach der Telko mit dem Hamburger Abteilungszweig. Wenn wir das auch noch machen müssen, will ich eine Gehaltserhöhung.

Nadja notierte sich die Pfade zu dem Tool, von dem gerade gesprochen worden war und das sie jetzt mitadministrieren sollten.

- Seid kreativ, motzte Joyce beim Rauchen.

- Gib mir auch eine, sagte Nadja und merkte, dass sie der erste Zug auf diese bestimmte Weise stärkte, da sie es schaffte, den Brechreiz zu unterdrücken. Es war eine Ewigkeit her, dass sie zum letzten Mal geraucht hatte.

- Heute mach ich pünktlich Schluss, sagte Joyce und wischte über ihr Smartphone. Ich hab gehört, dass die wieder kürzen wollen.

- Von wem? fragte Nadja.

- Vorne, SEK. Die sitzen doch neben dem Eder. Dabei sind wir nicht mal richtig aufgestellt. Es gibt keine klaren Rollendefinitionen und vorgegebenen Workflows mehr. Aber mir ist das langsam egal. Ich mach einfach meinen Job. Die können mich eh nicht rausschmeißen, wie sähe das aus. Sie lachte. Sonst hätten wir ja amerikanische Zustände hier.

Seit dem großen Meeting bei Microsoft war es, als hinge der ganze Laden hier im luftleeren Raum. Es war damals um ihre Visionen gegangen. Den Arbeitsplatz der Zukunft. Und um sie, die alle maßgeblich steuerungsbeteiligt daran waren, wie sie sich als Team zukünftig sehen wollten. Auch wenn es sich nun in der Umsetzung als schwierig gestaltete, war Nadja einfach froh, dabei sein zu dürfen. In ihrem Team fühlte sie sich lebendig. Bestimmt würde schon alles irgendwie weitergehen, sie durften sie nur nicht kicken.

Nadja merkte, wie ihr wieder heiß wurde. Obwohl die Klimageräte im Büro auf Hochtouren liefen, schwitzte sie wie ein Schwein. Ihre Finger und Füße waren so angeschwollen, dass sie immer wieder kaltes Wasser darüberlaufen lassen musste.

- Patrick hat schon fürs Grillen heute Abend eingekauft, sagte Joyce und hielt Nadja ein Foto von ihrer vollgestellten Küchenablage vors Gesicht. Ich hab so Lust, mich abzuschießen, am liebsten würd ich mir direkt ein Bier aufmachen.

Joyce hatte sich mehr versprochen von alldem. Sie wollte ihre Zeit nicht damit verschwenden, die Unfähigkeit der anderen zu kompensieren. Sie wollte zeigen, was sie draufhatte. Und sie hatte es drauf, das hatte sie endlich begriffen.

Nadja überlegte, wie sie der übermäßigen Hitze in ihrer Wohnung beikommen sollte. Nachts schwitzte sie das Bett immer so voll, dass sie das Bettzeug alle paar Tage zum Waschsalon bringen musste.

Der Waschsalon war ein guter Ort. Sie mochte ihn und die Frauen, die dort arbeiteten. Jede von ihnen hantierte konzentriert und schnell, und trotz ihrer Zierlichkeit gab es nichts, das zu schwer war oder zu groß. Zuverlässig bändigten sie jedes Textil und redeten beim Bügeln vehement irgendwelche Familienangehörigen nieder, die übers Telefon auf laut geschaltet waren. Nach anfänglich skeptischen Blicken hatten sie Nadja akzeptiert und ließen sie in Frieden. Es beruhigte sie, auf den Plastikstühlen zwischen den Maschinen zu sitzen und die Stimmen der Frauen zu hören. Es war ein Teil der Welt, der greifbar war und sie zu einem realen Körper der Stadt machte.

Zu Hause legte sie sich bei geöffnetem Fenster ins Bett. Erneut nahm sie den Zettel mit den Nebenwirkungen zur Hand, um zu überprüfen, ob sie sich noch im Normbereich befand. Die Ärzte mussten es ja wissen. Oder nicht? Sie klappte den Laptop auf. Das letzte Mal hatte sie mit rasendem Herzen im Bett gelegen, so grenzenlos war ihre Angst gewesen. Schnell klappte sie den Laptop wieder zu.

Das Internet war überall. Nadja fragte sich, ob es eine vergleichbare Ordnungslogik gab, die Wissen handbar machen könnte. Unabhängig von Zeit und Ort. Eine systematische Verwaltung von Metadaten außerhalb des virtuellen Raums. Clemens lachte. Er mochte das Internet. Und die Technik. Seit er krank geworden war, perfektionierte er das Netz der Geräte um ihn herum. In seiner Wohnung stapelten sich Gerätschaften aller Art und Größe, und er hatte begonnen zu chatten.

- Ist ja nicht so, dass ich mir Hoffnungen mache, sagte er. Aber Ende dreißig und krebskrank, da musst du schon viel Glück haben.

Nadja hatte es auch einmal online versucht. Nach Abklärung der aktuellen Lebensverhältnisse fragten die meisten nicht weiter. Es musste zwar einen Bereich des Lebens davor gegeben haben, der auf irgendeine Weise damit in Verbindung stand, wer man war, aber es war einfach zu mühsam, sich auch noch damit auseinanderzusetzen. Jeder hatte sein Leben bis zu diesem Tag geführt, da blieb schlichtweg keine Energie, um auch noch herauszufinden, was beim anderen stattgefunden hatte.

Damals hatten alle angefangen, etwas mit Flüchtlingen zu machen, und waren auch sonst in allem sehr aufgeklärt. Sie reisten um die Welt, supporteten wichtige Organisationen oder bekamen Stipendien für ihr außerordentlich soziales Engagement. Nadja scrollte über ihre Walls, beschaute die Fotos, die sie hübsch bearbeitet hatten, irgendein schöner Ort vor der Wand eines Krisengebiets oder einer hippen Stadt, so genau konnte man das ja nie sagen.

Ihr Whats-App-Chat mit Clemens war voll von Herzemoticons und niedlichen Tiergifs. Gemeinsam streamten sie alle Episoden von Star Trek, kauften sinnlose Utensilien in Baumärkten und drehten ihre Videos. Clemens ließ sie in Ruhe, er erwartete nichts.

Nadja platzierte die Doppelkissen so an der Wand, dass sie aufrecht sitzen und trotzdem bequem liegen konnte. Der Abstand zwischen Tisch und Bett war immer genau richtig, wenn sie auf vollen Bildschirm schaltete, ungut war nur die Haltung, in der sie verharrte, bis sie wusste, was zu tun war. Während sie vor Netflix kauerte, schaute sie über den Laptop hinweg in die beleuchteten Fenster des Innenhofs. Sie war sich sicher, dass sie irgendjemand da draußen beobachtete. Die Bewohner der angrenzenden Mehrparteienhäuser oder des großen Bankhauses, in dessen Büros immerzu Licht brannte, auch spät abends. Sie sahen zu, wie sie sich nachts manchmal noch etwas zu Essen reinzog, während sie in Jogginghose und T-Shirt vor dem leuchtenden Bildschirm hing und sich vollsaute. Vielleicht gefiel es sogar jemandem. Jemandem, der bereits am frühen Abend aufgeregt vor seinem Fernglas saß, die Hand an der Hose, darauf wartend, dass es losging.

- Spanien, sagte Joyce. Patrick will unbedingt nach Asien. Ich will Fuerte Ventura, Gran Canaria, Teneriffa. Während sie sprach, flitzten ihre Finger in gewohnter Manier über die Tastatur, und reihten sich in das Gehacke der benachbarten Büros.

- Ich krieg ihn schon noch so weit, sagte sie, signalisierte ihr mit einer Hand *Einen Moment* und sagte *Aha, ja* in den Hörer. Hast du die BM für das eMerching-Projekt eingestellt? Sie hielt den Hörer zu.

- Vor zwei Wochen schon, sagte Nadja und suchte im Webshop nach der Nummer.

- Die ist immer noch nicht durch, sagte Joyce und deutete mit hochgezogenen Augenbrauen auf den Hörer.

- Hängt beim Einkauf, sagte Nadja, und pinnte Eder wegen der Freigabe an.

Joyce machte ein OK-Zeichen und schickte Nadja über Skype die Anweisungen fürs Update. Sie stellte einen Termin ein und sandte Joyce die Agenda für Jens.

- Hast du das hier schon gesehen?

Joyce schickte ihr einen Shortcut.

- Noch nicht.

- Das wird ein Spaß. Das Projekt ist jetzt zu. Hab die Buchungsliste abgelegt. Wenn wir nacherfassen, brauchen wir aber die schriftliche Freigabe vom Eder. Und vergiss nicht, die richtigen Preise zu hinterlegen. Wenn der letzte Statusbericht draußen ist, müssen wir das neue Projekt anlegen.

Nadja kopierte die Rechteliste in eine Exceltabelle.

- 683 Zeilen, sagte sie. Wann sollen wir das machen?

Joyce kaute auf ihrer Unterlippe herum.

- Komm, rauchen, sagte sie.

Draußen ging Babette mit den Teamleitern an ihnen vorbei.

- Schau sie dir an, die Bitch, sagte Joyce. Wie sie vor denen rumwackelt mit ihrem weißen Arsch.

Joyce wischte auf ihrem Telefon herum. Babette war vor zwei Monaten als Unterstützung fürs Controlling eingestellt worden. Sie selbst verstand sich scheinbar als Jens' zweite Hand. Sie hatte einen Sohn, der jetzt in der Grundschule war. Leider waren da auch so ausländische Kinder drin, die Ärger machten und schwer erziehbar waren.

Die halten den ganzen Unterricht auf, schimpfte sie stets. Da konnte sich der hochsensible Sohnemann natürlich nicht entwickeln, mit so einem aggressionspotenziellen ausländischen Schulkameraden. Nein, die sollten definitiv woanders hin, das musste getrennt werden.

Babette hatte von Anfang an die üblichen Strategien gebracht. Sie fütterte die Projektleiter mit selbst gebackenen Keksen aus ihrem Rollcontainer, lud sich selbst zu Meetings ein. Nachmittags hörte man aus der Kaffeeküche ihr mondänes Lachen, das anzeigte, wie sehr sie es verstanden hatte. In meiner früheren Position war der Satz, mit dem sie die meisten ihrer Ausführungen begann.

- Niemanden interessiert deine frühere Position, du Bitch, sagte Joyce, wenn sie im Flur ihre Stimme hörte. Jens hatte Babette ein paar Aufgaben zugewiesen, bei denen sie mit Joyce zusammenarbeiten sollte. Wenn Joyce aus den Statusmeetings zurückkam, schloss sie die Tür hinter sich und sprach kein Wort. Nadja gegenüber verhielt Babette sich relativ neutral, sie schien sie offensichtlich nicht als Bedrohung wahrzunehmen. Nadja machte ihre Arbeit, hatte aber keinerlei Aufstiegsambitionen, geschweige denn Interesse daran. Sie arbeitete gern im Hintergrund, ohne viel Aufsehen. Allein das Hereintragen von Bewirtungen erfüllte sie mit Unbehagen. Sie mochte es nicht, von den anderen aus den Meetings heraus angeglotzt zu werden, da sie froh waren, endlich mal etwas anderes zu sehen.

- Ich muss heute dringend pünktlich weg, sagte Joyce jetzt und tippte etwas in ihr Telefon. Hab versucht, das zu verschieben, aber es geht diesmal nicht. Wenn wir reingehen, machen wir uns gleich an die Buchungen und ich helf dir noch, solange ich kann, mit der Rechteliste.

- Kein Ding, sagte Nadja.

Joyce drückte ihre Zigarette aus.

Als Nadja um neun nach Hause kam, hatte sie überhaupt kein Gefühl. Das Problem war nicht nur, dass man es ihr ansehen konnte – man roch es auch. Sie stank. Menschen begannen sie in den öffentlichen Verkehrsmitteln anzuglotzen, wie jemanden, von dem man lieber Abstand hält, als könnte das, was sie sahen, ihre gepflegte Work-Life-Balance gefährden, an der sie so hart arbeiteten. Wenn Nadja die Augen schloss, sah sie immer noch Namen und Preise, mit Mehrwertsteuer, ohne. Erneut ging sie die Projekte durch und hatte plötzlich furchtbare Angst, etwas vergessen zu haben.

Als sie das letzte Mal bis spätabends im Büro geblieben war, hatte sie externe Mitarbeiter für Projekte berechtigt, auf die sie gar nicht buchen sollten. Am nächsten Morgen hatte sie bereits um sieben Uhr eine Mail von Eder im Postfach, der kurz darauf wütend ins Büro gestürmt war und ihr die Aufstellung der Einheiten auf den Tisch geknallt hatte. Während er sprach, hatte Nadja seinen Mund beobachtet, um den herum sich sein Gesicht verzerrte. Beschissener Wohlstandsnazi, dachte Nadja. Früher hätte sie sich von so einem niemals einschüchtern lassen.

Bisher waren ihr immer nur Kleinigkeiten unterlaufen, die keinerlei Konsequenzen nach sich zogen. Für die Fehler, die ihr nun passierten, erhielt sie keinen Freispruch. Sie konnte sich nicht erklären, wie sie derlei Fehlleistungen erbringen konnte, obwohl sie anderen erklärte, wie es ging. Mehrmals hatte Jens ihr Know-how gelobt. Unverzichtbar, hatte er gesagt, das Herzstück der Abteilung. Mittlerweile kniff Nadja immer wieder davor, manche Aufgaben zu übernehmen, weil sie fürchtete, es zu versauen. Sie musste sich wirklich mehr anstrengen. Die anderen schafften es ja auch.

Sobald sie zu Hause war, legte sie sich ins Bett, positionierte den Laptop auf dem Tisch und starrte in das bewegte Bild. Ab und zu schrieb sie eine Nachricht an Clemens, der direkt nach der Arbeit eine Nappingphase einlegte und dann bis spät in die Nacht nicht schlafen konnte. Von der Wohnung nebenan rumpelte es dumpf, irgendwo wurde gehustet. Was taten die Menschen? Obwohl sich nichts Außerordentliches zu ereignen schien, blieb es doch schleierhaft, was vor sich ging. Schauspielergleich schlichen sie umher und sagten Worte in ihr Telefon. Wenn sich Nadja ins Bett legte, war sie vollkommen bleiern, aber es reichte dennoch nicht aus, um zu schlafen. Immerzu befand sie sich irgendwo zwischen den Teilen der Tage, die sie zunehmend nervöser machten, mit dieser Hitze des Sommers, gegen die ihr Körper rebellierte.

Schon während des Studiums hatte sie versucht, die immer extremer werdenden Wetterbedingungen zu fassen zu bekommen. Sie schafften es, völlige Ohnmacht beim Menschen auszulösen, während dieser in der romantischen Vorstellung verhaftet blieb, es könne sich um irgendeine Spiegelung von etwas in seinem Inneren handeln. Die Unmöglichkeit, Wetter als etwas darzustellen, das außerhalb messbarer Größen lag, bildete für Nadja den Kern einer Einsamkeit, die beinahe spiritistisch war und über die sich auszutauschen zum Scheitern verurteilt blieb. Immer wieder hatte sie versucht, das Wetter zu übersetzen, aber es funktionierte nicht, ohne eine Verbindung zu etwas anderem herzustellen, das losgelöst davon in sich zusammenfiel. Sie hatte zweihundert magnetische Nadeln so auf einer Plexiglasscheibe befestigt, dass, wenn man sie ins richtige Stromverhältnis setzte, es sich anhörte, als würde es regnen. Sie schloss ein 90er-Jahre-Videomischpult an eine Wärmebildkamera an und ließ die Rückkopplungen durch den Beamer laufen. Was blieb, war ein Totem. Das Zeichen von Abwesenheit einer Sache, die sich selbst nicht als das abbilden ließ, was sie war.

Im Endeffekt war das Wetter wie der Wille, unberechenbar und gewalttätig, er formte die Welt und ließ den Menschen hinter sich.

Davor in ihrer Leipziger Zeit wollten alle von ihr wissen, was ihr ureigenstes Thema war. Seit sie mit dem Kunststudium begonnen hatte, konnte sie diese Frage noch weniger beantworten als davor. Was sie interessierte, war die Welt um sie herum, und sie war überzeugt davon, dass die Beschäftigung damit unwillkürlich zu einem Fundament führen würde, von dem aus sich die Dinge vollständig in das verwandeln könnten, was sie sind. Aber das war wohl ein ziemlich langweiliges Programm, so ganz ohne Metaphysik. Außerdem lebte man in Zeiten der Postmoderne, ihre Ansichten waren also ein wenig überholt. Nadja hatte keine Ahnung, was die Postmoderne war, jedoch verstanden, dass sie irgendetwas nicht richtig begriffen zu haben schien. Wenn sie ihre Kommilitonen beobachtete, hatte sie den Eindruck, dass es für sie ein Leichtes war, sich in ein Meinungsgefüge zu reihen, in dem ein stilles Einverständnis darüber zu herrschen schien, was zu einer kritischen Haltung gehörte. Sie hatte den falschen Gedanken gedacht, dass dies der Ort sein könnte, an dem etwas Großes beginnen würde. Stattdessen hatte sie gelernt, dass es darum ging, am eigenen Selbstkonzept zu feilen oder an dem der Galeristen. Begierig wurde einander auf die Finger geschaut. Was war es, das das Tun einzigartig, das Ich originell machen konnte? An die Stelle der Produktion war der kritische Diskurs darüber getreten, was gesellschaftlich wirklich relevant war.

Die Leute in der Arbeit wiederum wussten, dass es so etwas wie Kunst in der Gesellschaft gab, aber nicht, woher sie kam. Diejenigen, die irgendwie mit diesem Mysterium in Verbindung gebracht werden konnten, waren gleichgesetzt mit dem Anderen, dem Exotischen, das dem Leben das gewisse Etwas geben konnte. Mal was Anderes. Die Leute konnten gucken und sich brüsten, wenn sie dem bedürftigen Kunstschaffenden etwas abkauften. Oder dem extrovertierten. Oder so: Hej, ich hab da diese Pimmel-Vase gekauft von diesem Künstler, der ist sehr schön, sehr schwul und unglaublich eloquent. – Interessant, vielleicht sollten wir den mal ausleihen. Die Sprache, die in der Arbeit verwendet wurde, war Nadja ebenso fremd wie diejenige des Kunstdiskurses, aber in Wirklichkeit waren es keine so sehr verschiedenen, in Wirklichkeit gebrauchten sie nur andere Begriffe für die gleichen leerstehenden Gehäuse, die die einen kauften und die anderen besetzten. Alle lebten in der großen Blase der Kreativität, der ästhetischen Selbsterschaffung.

In Leipzig hatten die Leute den Anschein gemacht, noch nicht vollends der falschen Annahme anheimgefallen zu sein, dass jemandem etwas zustand. Nadja hatte schon früher nicht verstanden, woher die Leute das hatten. Warum waren alle ständig so beleidigt? Täglich schnitten biochemische Prozesse in das Leben – wer war man, dass man dachte, man hätte Anrecht auf etwas Besseres. Etwas Schönes, am besten ohne Schmerz. Ihre Geschichten waren nicht einzigartig, die Welt brauchte sie nicht. Unterm Strich verlief jedes Leben ähnlich, da war nichts, worauf man sich etwas einbilden konnte.

Heute dachte sie über diese Dinge nicht mehr nach. Endlich gab es einen Ort, an dem ihr Tun ein Beitrag war, und am Ende des Monats waren ihre Rechnungen bezahlt. Sicher ist es besser so, hatte ihre Mutter gesagt, mit der sie sich alle zwei Wochen auf einen Kaffee traf. Nadja war froh, dass die Familie kein großes Aufhebens um die Sache gemacht hatte, obwohl sie wusste, dass es sie irgendwie peinlich berührte. Was war nur mit dem Mädchen los. Jetzt auch noch das Studium an die Wand gefahren. Zum Glück hatte sie sich wieder gefangen. Manche kriegten die Kurve ja nie. Da hieß es dann Hartz und obdachlos. Das ganze Alkigesocks in den U-Bahnen, wenn normale Menschen zur Arbeit fuhren. Das musste in Deutschland doch wirklich nicht sein. In Deutschland musste keiner hungern und frieren. Hier gab es schließlich Arbeit für jedermann.

Valentin arbeitete fünfzig Stunden die Woche in einem der führenden Entwicklungszentren für Künstliche Intelligenz. Nadja wusste nicht, was genau er dort tat, generell sprach man nicht über den Sinn dessen, was man Tag für Tag machte. Man redete über Schulungen, Probleme bei der Zielerreichung, schwierige

Kunden. Vorgesetzte, die man nicht zu Gesicht bekam, Urlaube und Überstundenabbau. Immer noch musste Nadja manchmal an ihre letzte gemeinsame Autofahrt von Leipzig nach München denken, bei der sie seine Hände auf dem Lenkrad beobachtet hatte, an deren Knöcheln die Haut schon immer ein wenig massiver war, wie bei Boxern. Als sie das Elternhaus erreicht hatten, blieben sie einfach still sitzen, und am liebsten hätte Nadja für immer so mit ihrem Bruder in diesem Auto in der Einfahrt gestanden oder wäre für immer mit ihm gefahren.

- Du musst nicht mehr, hatte er gesagt, und Nadja hatte gemerkt, wie es angefangen hatte zu brennen und dass es jetzt nicht mehr aufhören würde.

Aber es hörte auf. Das Leben fand statt, es wurde Winter. Es wurde Sommer. Irgendwann dazwischen hatte sie begonnen zu arbeiten, und jetzt waren sie hier, trafen sich regelmäßig und sprachen wie beiläufig über all diese Dinge, die sie jeden Tag taten. Agnes war beruhigt, dass ihre Kinder etwas hatten, das sie absicherte, dass alles einfach besser geworden war. Man müsse, das wiederholte sie immer wieder, das Leben aushalten können, und in ihren ermahnenden Blick gesellte sich ein tiefes Verständnis für ihre Lage.

Joyce versuchte ständig, Nadja dazu zu überreden, sich auf Tinder anzumelden oder auszugehen. Sie zeigte ihr Bilder von Patricks Freunden, solide Männer, wie sie sagte, oder wenn sie jetzt auf Frauen stehen würde, hätte sie auch Freundinnen, die da sehr offen wären. Nadja konnte ihr nicht erklären, dass da einfach nichts mehr in ihr war. Joyce wollte es nicht einsehen, als sprengte es ihre Welt, dass jemand so defekt sein konnte. Vor einiger Zeit hatte Nadja es noch mit einem externen Kollegen aus dem Solution Management versucht. Sie hatten sich auf einem Meeting in Hannover kennengelernt. Ein paar Monate lang hatte er sie jeden Tag in der Arbeit angechattet und geschrieben, was er mit ihr machen wollte. Nach einer Firmenfeier war sie mit auf sein Hotelzimmer gegangen. Er stand hinter ihr und sah immer sofort weg, wenn sich ihre Blicke im Spiegel kreuzten. Du hast einen guten Arsch, sagte er, als er fertig war und seine Hose zuzog.

Mit siebzehn hatte Nadja das erste Mal jemand von hinten genommen. Er hatte sie auf dem Heimweg in die Büsche neben dem Parkplatz gestoßen und war sieben Mal in sie eingedrungen. Nadja hatte mitgezählt, während er ihr Gesicht auf die Bordsteinkante gedrückt hielt. In den darauffolgenden Monaten hatte sie aufgehört zu essen und mit jedem geschlafen, der wollte. Alle wollten. Wer war das zierliche Mädchen mit den Perlenarmbändern aus Zigarettenbrandlöchern an den dünnen Gliedmaßen? Mit so jemandem zu schlafen brachte Abwechslung ins Leben.

Wir kriegen dich schon wieder hin, sagte Joyce immer wieder, und wenn sie es sagte, rührte es Nadja manchmal auf eine Art, die nichts damit zu tun hatte, dass Joyce Unrecht hatte und sie das wusste, sondern weil Joyce es nicht aufgab, sich so viel Mühe um sie zu geben.

Sie kamen nie vor acht aus dem Büro. Wenn Joyce früher gehen musste, blieb Nadja allein und versuchte, ihren Körper zu vergessen. Die Schmerzen tauchten auf ebenso unerklärliche Weise auf, wie sie wieder verschwanden, aber meistens dauerte es bis in die Nacht, sodass sie nicht schlafen konnte.

- Das ist nicht ungewöhnlich, sagte die Gynäkologin jetzt, nachdem Nadja eine Stunde lang im Wartezimmer gesessen hatte. Vor ihr war eine junge Frau an der Reihe gewesen. Sie war mit ihrem Sohn und ihrer Mutter gekommen, und als sie hineingerufen wurde, hatte das Kind zu weinen begonnen. Geduldig hatte die Oma des Jungen versucht, aus einem Buch vorzulesen, aber der Junge wollte nichts davon wissen. Unbeirrbar fuhr er fort, sich die Seele aus dem Leib zu schreien. Als die junge Frau zurückkam, war das Kind dunkelrot im Gesicht. Die Blicke der beiden Frauen kreuzten sich.

- Da ist der Burli, sagte sie in Babystimme zu dem Jungen und legte ihm ihr I-Phone in den Schoß, auf dem irgendeine Kinderserie lief.

Schlagartig war das Kind still und starrte im geistigen Todeszustand auf das Gerät.

- Schmerzen in den Gliedmaßen können vorkommen. Schmerzen in den Beinen, Armen, Füßen und Händen. Auch Kopfschmerzen können auftreten. Wenn Sie merken, dass die Schmerzen in den rechten Arm ausstrahlen, oder Sie ein vermehrtes Kribbeln verspüren, müssen Sie einen Arzt konsultieren. Ansonsten kann auch die Knochendichte durch das sinkende Östrogen abnehmen. Aber so weit sind Sie noch nicht.

Zum Abschluss sah sie sich noch einmal die OP-Narben auf Nadjas Bauch an und betastete ihre Brüste, wobei sie wie immer zu lächeln begann. Es erfreute sie, dass das Alter unabwendbar jeden treffen würde. Auch bei dieser da konnte man schon bisschen was hängen sehen. Keine Jugend blühte ewig. Aber ich, ich habe das Geld, dachte die Gynäkologin. Und morgen lasse ich erstmal wieder bisschen was straffen.

Eine Stunde zu spät kam Nadja im Meeting an. Joyce schaute nur kurz auf und protokollierte sofort in hoher Geschwindigkeit weiter. In ihrem Gesicht konnte Nadja erkennen, dass sie sich im Stich gelassen sah. Die Stimmung war angespannt, die Projektleiter fielen sich ins Wort. Rolf freute sich, als er endlich den Monolog führen konnte, an dem er schon lange gefeilt hatte. Jemand müsse mal Klartext sprechen, seit Längerem war jeder nur noch mit seinem Scheiß beschäftigt. Leute fielen aus. Immer wurde von Ressourcen gesprochen, die nicht zur Verfügung standen, keiner arbeitete mehr mit jemanden zusammen, man sprach kaum noch miteinander.

Astrein. Wenn das seine Freundin gesehen hätte.

Als er fertig war, nickten einige zustimmend, die meisten reagierten gar nicht, vielleicht weil sie sich nicht trauten oder gedanklich in weite Ferne gerückt waren. Dass er froh über die ehrlichen Worte sei, sagte Jens und legte seine Hand auf Rolfs Schulter. Ließ sie eine Weile so liegen, stellte sich in die Mitte des Raums und versenkte sich in die Gemeinschaft. Was gab er sich überhaupt mit denen ab. Die standen doch alle so weit unter ihm. Aber er war ja professionell. Man musste den Leuten einfach immer das Gefühl geben, dass man einer von ihnen war. Die waren so blöd und glaubten das auch noch. Also holte er aus: Er wüsste genau, was derzeit auf allen lastete. Die Situation verlangte jedem von ihnen viel ab, aber deswegen bräuchte man einmal mehr die Mitarbeit von jedem Einzelnen. Nur zusammen könnten sie es schaffen, und es erfüllte ihn mit Stolz, sagte er und machte eine Pause dabei, ein Team zu haben, auf das er sich hundertprozentig verlassen konnte.

- Wir haben schon viel geleistet, sagte er, und es wird noch ein Weg sein. Aber ich bin davon überzeugt, und wieder legte er seine Hand auf Rolfs Schulter, dass wir durchhalten werden.

Nach dem Meeting klemmte sich Joyce ihr Notebook unter den Arm und bedeutete Nadja, dass sie sich dann im Büro sehen würden. Nadja räumte den Sitzungssaal auf, stellte die Tassen auf den Wagen, räumte die Spülmaschine aus, stellte die benutzten Tassen hinein und das schmutzige Geschirr, das sich in der Küche angesammelt hatte.

- Das ist aber nett, dass du das machst, sagte Rolf und hielt ihr auch seine Tasse hin. Dann sah er ihr dabei zu, wie sie die Tasse zu den anderen reihte, einen Tab aus dem Behälter nahm und die Spülmaschine anstellte. Eigentlich fand er sie ja ganz niedlich, die Nadja. Aber so ganz koscher war sie ihm nicht. Sie war einfach anders.

Als sich Nadja wieder umdrehte, lachte er, nahm sich schnell eine neue Tasse aus dem Regal und ging zurück in sein Büro.

Sämtliche Mails im Postfach waren bereits mit Joyce' Farbe markiert, sodass Nadja sich an die neu eingegangenen machte. Die Aufgaben, die sie zugewiesen bekamen, waren zeitaufwendig und mit viel Recherchearbeit verbunden. Zum Teil fehlte Nadja in ganzen Themenblöcken das inhaltliche Know-how oder sie kannte die Prozesse nicht gut genug, um zu wissen, welche Schnittstelle das Problem verursachte. Oft mussten sie erst stundenlang

Vorarbeit leisten, bis sie sich an die eigentlichen To-dos machen konnten. Eine Zeitspanne, in der weitere E-Mails reinkamen, die meisten mit einem roten Prio-Ausrufezeichen versehen. Als Joyce ins Büro kam, schloss sie die Tür so lautstark hinter sich, dass Nadja zusammenfuhr. Es war das erste Mal, dass sich eine Strähne aus ihrem Zopf gelockert hatte. Sie klappte den PC auf und drückte dann in kreisenden Bewegungen ihre Finger an die Schläfen.

Nadja merkte einen plötzlichen Druck in der Magengegend, der sie sauer aufstoßen ließ. Wo kam das denn her? Weil sie Joyce nicht weiter nerven wollte, machte sie das, was man immer macht, wenn irgendwas passieren musste. Sie sah aus dem Fenster. Draußen würde schon etwas gehen. Draußen ging doch immer was. Wie der Wind so durch die Bäume fuhr, musste sie plötzlich an den Maryon Park in Blow Up denken, den sie damals mit Paul und Michael geschaut hatte. Beide waren so bekifft gewesen, dass sie nicht fassen konnten, was geschah.

Sie versuchte, sich an David Hemmings Gesicht zu erinnern, aber es funktionierte nicht. Wieso ging es nicht? Es war wie das zu schnelle hintereinander Aufsagen desselben Wortes, bis es ungewohnt und sperrig klang und man sich nicht mehr an seine Bedeutung erinnern konnte. Richtig komisch klang es dann. Genauso sah David Hemmings Gesicht jetzt aus. Es half alles nichts. Der Druck in ihrem Magen wurde schlimmer, kalter Schweiß stand ihr auf der Stirn. Sie sah Joyce an, die ihre Hand über den Schreibtisch hinweg in Nadjas Richtung ausgestreckt hatte, während ihre Lippen sich merkwürdig langsam bewegten.

- Nadja, sagte sie dann in Echtzeit.

Als es an der Tür klopfte, kotzte Nadja in den Mülleimer. Joyce' ganze Haltung war wie versteinert.

- Jetzt nicht, schrie sie zur Tür, steckte ihre Frisur mit beiden Händen fest, nahm den Eimer und verschwand mit ihm nach draußen.

Zu Hause konnte Nadja nicht abschätzen, wie viel Zeit seit dem Vorfall vergangen war. Immer wieder musste sie an Joyce' Hände denken, die den Mülleimer unter ihr weggezogen und dabei in die Schlieren von Nadjas Erbrochenem gegriffen hatten. Daheim hatte sie sich noch zwei weitere Male übergeben, war aber selbst unfähig geblieben, die Kotzespuren vom Klo wegzuwischen. Das war schon richtig heroisch gewesen, wie Joyce das gemacht hatte. So in fremde Kotze greifen, ohne dem anderen den Eindruck zu vermitteln, er müsste sich für seine eigene Ungeheuerlichkeit schämen. Joyce verlor generell nie die Nerven. Sie hatte sogar Haltung bewahrt, als sie beim Catern die drei Tabletts nur so auf dem Tisch drapieren konnte, dass sie mit dem Oberkörper nachhelfen musste, sodass ihr Kleid unter der Bewegung nach oben gerutscht war. Im Aufzug hatte Nadja sehen können, wie sie den Kiefer aufeinanderdrückte, sodass ihr ganzes Wesen etwas Unüberwindbares bekam, etwas, an dem sich die anderen irgendwann verletzen würden. Das war es, was sie eisern machte. Joyce merkte sich alles. Und sie wartete darauf, den richtigen Zeitpunkt abzupassen. Das ist es noch nicht, sagte sie dann. Manchmal wirkte ihr ganzer Körper dann so angespannt, dass sich Nadja nie sicher war, was als Nächstes passieren würde. Aber dann lächelte sie einfach wieder und sagte: Das ist es noch nicht.

- Du hättest dir nicht den Mülleimer aussuchen müssen, sagte Clemens am Abend.

Seine Stimme hallte durch das Dunkel der Wohnung, während da diese Durchlässigkeit war wie im Fieber, eine Art Aura, die die Welt sichtbar ließ und doch ausschloss. Nadja schämte sich schrecklich. Wie konnte ihr das nur passieren? Sie musste sich zusammenreißen. Andere Leute kriegten das ja auch hin. Clemens zum Beispiel. Obwohl er manchmal sechs Tage die Woche auf der Baustelle arbeitete, war er der ausgeglichenste Mensch, den sie kannte. Aber was sollte er auch machen. Nachdem er mit den Chemos durch war, hatte die Versicherung einfach zu zahlen aufgehört. Da musste schon wieder ein Job her. Er war schließlich kein Krüppel.

- Ich kann dich besuchen kommen, sagte er jetzt.
Nadja drückte den Touchscreen noch fester gegen ihre Wange.
- Wann hast du deine Untersuchungen, fragte sie.
- Nächste Woche.
- Dann können wir beide ein bisschen Angst haben.
Clemens lachte leise.

Zwei Tage später tat jeder so, als wäre nichts gewesen.

- Sie haben schon geredet, sagte Joyce, mit der Nadja auf dem Weg zu Agnes telefonierte. Auf der kleinen Bildschirmfläche sah Joyce aus wie ein Alligator, der sich ausgehungert über eine Dose Quinoaweinblätter hermachte.

- Ich hab einfach gesagt, Lebensmittelvergiftung. Sie hob die Schultern und grinste Nadja an. Schob dann die Zunge unter die Oberlippe und pulte zwischen ihren Zähnen, sagte: Lass dich untersuchen, und steckte sich eine weitere Weinblattrolle in den Mund.

- Mach ich, sagte Nadja.

- Ich brauch dich hier, sagte Joyce. Dann kippte sie den Rest in den Müll, Das Zeug ist einfach scheiße.

Agnes trug ein weit ausgeschnittenes Retrokleid. Wahrscheinlich wusste sie gar nicht, wie modern das jetzt war. Sie hatte wieder angefangen, sich herzurichten. Nur teure Klamotten konnte sie sich nicht mehr leisten. Sie kaufte auch keine Markenprodukte mehr. Einen Teil der alten Einrichtung hatte sie verkaufen müssen. Das hatte sich gut angefühlt, wieder ein bisschen was auf dem Konto zu haben. Aber sie hatten ja immer zur Miete gewohnt. Wenn sie jetzt wenigstens ein Grundstück hätte.

- Darfst du die essen, so derzeit? fragte sie Nadja und zeigte auf die Muffins, die sie frisch gebacken hatte.

- Sicher, sagte Nadja und versuchte, sich unter dem weiten Pullover so klein wie möglich zu machen.

- Ich mein ja nur, sagte sie, Alkohol hat auch Kalorien, und da du nicht mehr trinkst.

- Das ist wegen der Hormone, sagte Nadja und merkte, wie sie wieder anfing zu schwitzen.

- Vielleicht solltest du es auch mal mit Yoga versuchen. Oder autogenem Training. Ich hab übrigens einen tollen Dessertwein da, falls du ihn probieren möchtest. Hat Winnie aus Frankreich mitgebracht. Sie haben auch noch mal gefragt, wegen Spanien. Sie sah Nadja an. Nadja sah zurück.

- Also ich denk, ich werd das machen.

- Okay, sagte Nadja und drückte mit dem Finger ein Loch in den Muffin.

- Ich meine, es wird nie das Gleiche sein, sagte Agnes und stellte zwei Digestivgläser neben das Gedeck.

- Okay, sagte Nadja wieder und schüttelte den Kopf, als Agnes sich eingeschenkt hatte und zu ihrem Glas hinüber schwenkte. Sie hielt das Glas in beiden Händen, roch, trank.

Nadja sah zur Wohnzimmerschrankgarnitur, in der Karls Wundersteinbecken stand. Jeden Tag nahm Agnes einen Stein in die Hand und atmete in großen Zügen, die sie beim Ausatmen für ein paar kürzere unterbrach. Es stählte ihre Membranen, wie das oxidierte Wasser, das sie aus kleinen gereinigten Gläsern zu sich nahm und neben dem Wein in der Kühlschranktüre aufbewahrte.

Außerdem machte ihre Mutter jetzt diese Sache mit den Engeln. Schon ihre Abschlussarbeit hatte sie darüber geschrieben, um Engelsdarstellungen im Tanach war es gegangen. Generell hatte sie wirklich Ahnung von Religion. Vor allem vom Juden- und Christentum. Ganze Chroniken hatte sie darüber angefertigt, wie sich das mit den Engeln in den unterschiedlichen Religionen verhielt. Jetzt hatte sie eine eigene Homepage und an die 7 000 Follower auf Instagram. Die Leute fuhren irre drauf ab.

- Versuch dich einfach zu öffnen, hatte sie zu Nadja gesagt und einen neu Angefertigten vor sie auf den Tisch gestellt. Er trug ein faltenwerfendes Gewand aus Stoff, der so gestärkt war, dass man ihn daraufstellen konnte. Neuerdings hatte sie ihn über die Esszimmertür gehängt, von wo aus er nun auf sie herabblickte.

- Schön, dass du da bist, sagte sie jetzt und legte Nadja über den Tisch hinweg die Hand auf den Arm. Als sie sie zum Abschied umarmte, versuchte Nadja, ihren Rücken so zu wölben, dass wenigstens ein paar Knochen zu spüren waren, an denen Agnes sie zählen könnte.

- Bis bald, sagte Nadja und schaute die ganze Heimfahrt über auf die Dose Muffins in ihren Händen, die Agnes extra für sie vorbereitet hatte.

Jedes Mal, wenn Clemens seine Untersuchungen hatte, konnte Nadja keinen klaren Gedanken fassen. Sie war damals gerade nach Leipzig gezogen, als man das Plasmazytom entdeckt hatte. Kurz davor war sie noch froh gewesen, dass er wegen der ständigen Rückenschmerzen abends keine Leute um sich scharte, sondern daheim auf seiner Couch lag, den Laptop auf den Beinen, Nadjas Gesicht auf dem Monitor. Die Ärzte hatten ihm zu Antidepressiva geraten, derlei psychosomatische Reaktionen seien keine Seltenheit. Drei Monate war er einfach noch zur Arbeit gegangen, bis sie die angebrochenen Wirbel gefunden hatten.

In der Woche vor Weihnachten hatte man ihn eingeliefert. Die Tumore hatten sich durch drei Wirbel gefressen. Hätte man noch gewartet, wären sie einfach eingestürzt. Nach den Operationen folgten vier Monate Chemo, dann die Stammzellenentnahme. Danach Quarantäne. Stammzellentransplantation. Dann wieder Chemo. Tabletten. Jetzt musste er immer aufpassen wegen des Infektionsrisikos. Verschrei's nicht, sagte er. Der schläft nur. Und wenn er aufwacht, geht alles ganz schnell.

So oft sie konnte, war Nadja nach München gefahren. Hatte ihm von Leipzig erzählt, während sie dem Plastikbeutel dabei zugesehen hatten, wie er sich zusammenzog und die durchsichtige Flüssigkeit in Clemens Körper lief.

- Spürst du was? hatte sie Clemens gefragt, und Clemens hatte gesagt: Ja, jedes Mal, wenn du an meinem Arm rüttelst, tut die Scheißnadel weh.

- Entschuldige.

- Ach was denn. Die haben mir immerhin schon zweimal den Rücken aufgeschlitzt, hatte er gesagt und seinen Kopf an Nadjas gelehnt.

Als ihr Telefon vibrierte, bewegte sie sich nicht. Sie überlegte, ob sie die Hand ausstrecken und es zu sich ins Bett ziehen sollte, aber es lag genau so weit entfernt, dass sie hätte aufstehen und damit erneut einen Tag dieses Lebens begehen müssen, das man ihr freundlicherweise zugeteilt hatte. Sie wollte es nicht mehr, aber nicht, weil die Verzweiflung zu groß geworden war, sondern weil sie der bloße Zustand des einfach weiter Daseins erschöpfte. Solange man jung war, hatte es da immerzu dieses Ziehen gegeben, dass man sich nur genug anstrengen müsste, und dann wäre da plötzlich irgendwann einfach so etwas wie eine Chance. Man stieg durch Städte und Betten, machte Dinge, die niemand brauchte, junge Mädchen fanden immer irgendwelche Versprechen, für die es sich anzustrengen lohnte, während die anderen Mädchen sich ebenso anstrengten, und es eben nur eine schaffen konnte. Sie nahmen den Frauen ihre Männer weg und taten es schnell, um nicht darüber nachzudenken, dass es ihnen irgendwann genauso gehen würde. Sie würden nicht hysterisch sein, sie würden niemanden brauchen. Sie rannten und arbeiteten, und wenn sie weinten, dann nur, wenn sie sich alleine betranken.

Jeden Morgen wartete Nadja darauf, dass sie eine alte Frau im Spiegel ansehen würde, die freundlich die Hand heben und dann leise ins Blaue verschwinden würde.

- Endlich ist dieser Dreckssommer vorbei, sagte Joyce und blickte dabei auf die Bäume vor dem Bürofenster, die sich rot gefärbt hatten.

Vorübergehend war eine große Nüchternheit bei den Leuten eingekehrt. Endlich penetrierten sie einen nicht mehr mit ihrer ständigen Nacktheit, die einen monatelang totgeschlagen hatte, und die in Nadja den Instinkt auslöste, den Leuten etwas anzuziehen und sie nach Hause zu schicken.

Mittlerweile war sie morgens schon vor den anderen im Büro, um den Restbestand wegzuarbeiten, den sie am Abend zuvor nicht geschafft hatte. Gegen die Schmerzen nahm sie Tabletten, und wenn sie nachts nicht schlafen konnte, stand sie einfach auf, fuhr den Arbeitslaptop hoch, trank Kaffee und wartete, bis eine Uhrzeit erreicht war, zu der es ihr plausibel erschien, zur Arbeit zu fahren.

- Du gefällst mir nicht, sagte Joyce eines Tages und sah Nadja an ihrem Monitor vorbei mit strenger Mine an.

Nadja stellte den Change für das neue Laufwerk ein, schrieb eine Bestätigungsmail mit der Auftragsnummer und schaute dann in die Scheibe des Büros, um zu erkennen, was Joyce meinte.

- Normale Herzfrequenz, normaler Puls. Der Sanitäter war gelassen und sah aus, als würde er mindestens eine Schachtel Zigaretten am Tag rauchen. Obwohl er noch relativ jung war, war seine Haut fahl und trocken, beinahe grau. Er hatte einfach zu viel Tod gesehen. Das ließ einen altern. Ohne Alkohol hielt man das nicht aus. Immerhin war ihm im Sanka noch nie wer weggestorben. Die hier heute waren noch mal anders kaputt.

- Haben sie derzeit viel Stress? fragte er Nadja.

- Na ja, so wie alle, sagte sie.

- Schlaf?

- Na ja.

- Medikamente?

- Ich nehme diese Hormone, sagte sie und zeigte auf die Schachtel.

- Alkohol?

- Nein.

Er schrieb alles auf einem Zettel zusammen und wies die anderen an, das Zeug zusammenzupacken. Zwischenfälle dieser Art hatten sich in den letzten Jahren gehäuft. Immerhin kein Selbstmord. Davon gab es dauernd mehr. Es war nicht schön.

- Schalten Sie mal ’nen Gang runter. Einfach mal ausruhen und nichts tun.

Er lächelte und hatte seine Hand auf Nadjas Arm gelegt.

- Mach keinen Scheiß, Babe, sagte Joyce später.

Nadja wusste nicht, was genau geschehen war, konnte sich nur erinnern, dass es irgendwie zu hell war in ihrem Kopf.

- Schau mal, sagte sie und schwenkte das Telefon in Richtung der Eckbank, auf der Patrick saß und einen Teller klebte. Das fuchst den total, flüsterte sie und grinste in die Kamera. Der denkt ernsthaft, dass ich an dem alten Zeug hänge. Vielleicht kann ich jetzt ’ne neue Garnitur rausschlagen. Sie lachte. Ruh dich aus. Ich brauch dich hier.

Am nächsten Morgen hatte Nadja bereits Kaffee gemacht, als es passierte. Zuerst hatten ihre Beine angefangen zu zittern, bis sie plötzlich einfach nachgaben. Es war nicht so, dass sie sie nicht mehr spürte, sie machten nur nicht mehr, was sie wollte, hingen einfach so vom Körper weg, wie zwei steife Äste. Es war schon ein richtiges Ärgernis mit diesem Dreckskörper. Halb liegend zog sie sich mit den Armen in Richtung des Betts, neben dem ihr Telefon lag. Ganz schön schwer, so ein Körper, wenn man ihn hinter sich herzog, dachte sie. Als Clemens abhob, war der Druck in ihrer Brust so stark, dass sie kaum sprechen konnte. Das hörte sich beinahe komisch an, wie es so aus ihr herausfiepte.

Zusammen fuhren sie in die Notaufnahme. Eine Stunde später kam Nadja an die Reihe. Die Ärzte machten Untersuchungen, stellten Fragen, nahmen Blut ab. Sie warteten zwei weitere Stunden auf weitere Untersuchungen, weitere Fragen, Ergebnisse. Draußen sah Nadja Clemens beim Rauchen zu. Er rauchte langsam. Sie wusste nicht, ob er besorgt war oder sauer.

Am Ende hatten sie nichts gefunden. Scheinbar war Nadja vollkommen gesund.

- Mach doch so was nicht, sagte Clemens im Auto. Die Herbstsonne stand so tief in den Straßen, dass Nadjas Augen vor Licht brannten.

Zu Hause schaute sie sich die Café-Deutschland-Bilder von Immendorff an und las den Wikipedia-Eintrag zu Amyotrophe Lateralsklerose. Sofort bekam sie erneut Herzrasen. Irgendwie war das schon hundsgemein. Da hatte der was gesehen, was er auch in seine Bilder hineingekriegt hat, so was extrem Verspuktes, und dann kriegte er ausgerechnet so eine fiese Scheißkrankheit. Also er hatte das ja nicht nur irgendwie gesehen, er hatte das so richtig begriffen und dann etwas geschaffen, das über den Bereich des Dargestellten hinausging und einen in tiefste Unruhe stürzte, wie ein Stroboskop im abgedunkelten Raum, das ähnlich wie zu plötzliche Tempowechsel in der Musik in der Lage war, beim Menschen gefährliche Herzrhythmusstörungen auszulösen.

Wie fühlst du dich, schrieb Joyce, als es draußen schon wieder dämmerte. Nadja stapelte die beiden Kissen so übereinander, dass sie aufrechter liegen konnte. Gerade noch Ende zwanzig, war sie plötzlich einhundert Jahre alt. Obwohl sie Joyce' Sorge rührte, empfand sie keinerlei Emotion, eher waren ihr ihre ewigen Nachfragen unangenehm.

Sie wollte in Ruhe gelassen werden und verachtete Menschen dafür, die sich an jemanden klammerten, weil sie alleine nicht zurechtkamen. Fälschlicherweise hatte sie ihre Mutter eine Zeit lang dafür verurteilt, dabei war es in Wirklichkeit genau andersherum gewesen. Mit fünfundzwanzigjährigem Altersabstand hatte ihr Vater sich vorsorglich darin abgesichert, als Erster abtreten zu können, während Agnes lediglich die Sicherheit geblieben war, nicht durch eine noch Jüngere ersetzt zu werden, denn dafür hatte er kein Geld. Obwohl er immer genügend Aufträge gehabt hatte und sich seine Sachen nicht schlecht verkauften, war der Lebensstandard, mit dem er Agnes bei Laune gehalten hatte, nicht derjenige gewesen, den er sich hatte leisten können. Es waren schon rabiate Deals, die Frauen und Männer miteinander eingingen.

Zeit ihres Lebens war Nadja davon überzeugt gewesen, dass ihr Vater in irgendwelche kruden Geschäfte verwickelt war, von denen sie nichts wussten. Als sie klein war, war er immer wieder zu einer Art Versammlung gegangen, einer Gruppierung, deren genaue Funktion er vor der Familie geheim gehalten hatte. Es hatte ein, zwei andere Männer gegeben, die ab und zu bei ihnen zu Besuch gewesen waren und mit denen er regelmäßig telefoniert hatte, wofür er das Zimmer verließ. Agnes gegenüber hatten sie sich höflich und aufmerksam verhalten, und es gehörte zu ihren ehelichen Pflichten, keine Nachfragen zu stellen, während die Männer sich dezent im Hintergrund hielten. Oft schien es Nadja, als hätte das Leben ihre Mutter trotz ihres geringeren Alters tiefer zerrüttet als ihren Vater. Es war, als läge in Agnes' ganzem Wesen eine tiefe Härte, die sie mit aller Macht zu unterdrücken suchte und die nur darauf wartete, zum Vorschein zu kommen. Nadja dachte, dass Agnes klug war, aber sich verhielt wie jemand, der nie gelernt hatte, seine Klugheit zu begreifen und nichts anfangen konnte mit sich oder dem Leben, das sie irgendwann angefangen hatte zu führen, zwischen der Welt ihres Mannes und ihren Kindern, die ihr kein Glück gebracht hatten. Obwohl ihre Mutter es war, die es geschafft hatte, Marek an den Punkt zu bringen, an dem er sich eingelassen hatte auf all das, war es Nadja oft so vorgekommen, als wisse sie, dass sein eigentliches Leben davor stattgefunden hatte, bevor er nach Deutschland gekommen war, wo er anfangs noch illegal mit seiner ersten Frau gelebt hatte, immer in Unsicherheit darüber, wann es auffliegen würde, bis sie irgendwann einfach gegangen war und mit ihr die frühere Welt. Nach seinem Tod hatte Nadja per Zufall einige Dokumente gefunden, die er in einer dunkelbraunen Stofftasche aufbewahrt hatte. Ein Utensil, das Agnes ihn immer wieder wegzuschmeißen aufgefordert und welches er stets aus dem Müll zurückgeholt hatte. Nadja war auf der Suche nach seinem Testament gewesen und hatte stattdessen einige Briefe und Fotos in einem Roman von Kundera gefunden. Es war »Das Buch vom Lachen und Vergessen«, das mit den Worten begann: *Im Februar 1948 trat der kommunistische Führer Klement Gottwald auf den Balkon eines Prager Barockpalais, um zu den*

Hunderttausenden von Bürgern zu sprechen, die Prags Altstädter Ring überschwemmt hatten. Es war ein historischer Augenblick für Böhmen. Einer jener schicksalhaften Augenblicke, wie sie in tausend Jahren nur ein-, zweimal vorkommen.

Sie wusste nicht viel über Kundera, außer dass er Mitglied der Kommunistischen Partei und Verfechter des Sozialismus ohne Geheimpolizei gewesen war. Die Dokumente, die sich nun in seinem Buch befanden, waren das Material eines Lebens vor ihrer Zeit, und es war vielleicht das erste Mal, dass sie begriffen hatte, dass sie nur eine Station im Leben ihres Vaters war oder er eine in einer anderen Geschichte.

Die meisten Briefe waren auf Tschechisch geschrieben, mittlerweile brauchte sie lange, um sie zu verstehen. Ab und zu fanden sich Einschübe auf Deutsch, in denen es um die Zweckmäßigkeitserwägungen des Staates ging und die Zensur, die vorgegeben hatte, in welcher Richtung zu denken erlaubt war. Auf einem nach unten hin angesengten Brief von einem seiner tschechischen Freunde stand: Sobald die erste Liberalisierung das herrschende System bedroht, folgen die nächsten Einschränkungen. Es ist das Ende des Selbstbestimmungsrechts des Volkes, die Verurteilung der Souveränität unserer Republik.

Da hatten sie es heute doch richtig gut. Wahrscheinlich gab es auch gar kein großes Mysterium hinter der Geschichte ihres Vaters. Eigentlich war damals alles ganz klar gewesen. Er wollte einfach kein Künstler in einem System sein, das ihn dazu verpflichtete, dem Staat zu dienen. Klar hatte es da die intellektuelle Revolte gegeben, die einheitlich für die sozialistischen Ideale des Volkes eingetreten war, aber irgendwann musste man ja auch schauen, wo man blieb. Nadja zog weitere Zettel aus dem Buch, zwischen denen sich ein Foto seiner ersten Frau befand. Sie hatte nie viel über sie erfahren, außer dass sie eine Intellektuelle war. Marek hatte wenig über sie gesprochen und Nadja erinnerte sich, dass sie schon einmal ein Foto von ihnen gefunden hatte, auf welchem sie angenommen hatte, es würde sich um ein Foto ihrer Eltern handeln. Bis heute konnte sie nicht sagen, ob es ihr aufgrund der Unwissenheit über die andere Frau im Leben ihres Vaters nicht in den Sinn gekommen war, es könnte sich nicht um ihre Mutter handeln, oder ob sie es sich schlicht nicht vorstellen konnte. Ob sie auch ein Foto von zwei sehr jungen Menschen hinnehmen würde als ein eigenes, ob sie ihren Eltern Glauben geschenkt hätte, wenn sie gesagt hätten, es handelte sich um ein Abbild ihres Bruders und ihr.

Als sie ihren Vater einmal danach gefragt hatte, wie es auseinandergegangen war, hatte er sie angesehen, als hätte sie einen Fehler gemacht oder als würde er einen Fehler machen, wenn er ihren Namen nur aussprach, als läge eine namenlose Gewalt in ihrer Persönlichkeit. Das Einzige, was Nadja wusste, war, dass sie damals zurückgegangen war, was ihr Vater immer bewundert und zugleich verachtet hatte, ohne dass Nadja hätte sagen können, ob seine Abneigung von etwas mit ihrer Person Verbundenem herrührte oder einem stillen Neid entsprang, der so tief saß, dass er ihn mit ins Grab nehmen musste.

Später hatte ihr Vater kaum mehr darüber gesprochen, als hätte sich dieser Teil seines Wesens in etwas anderes gewandelt. Wer konnte es ihm verdenken. Die Welt war hinabgeglitten und alles danach war Gewalt.

Vor dem Haus beobachteten Clemens und Nadja ein paar Jogger. Mit hochroten Gesichtern stählten sie ihre in engen Techno-Stoff-Anzügen steckenden Körper und trugen diese Uhren, die ihnen anzeigten, dass sie wahrscheinlich schon 4 729 Kalorien verbrannt hatten. Es war schon grotesk, wie die Leute sich abmühten, da die Arbeit ihren natürlichen Bewegungsdrang verunmöglichte. Dafür musste jetzt umso härter Sport gemacht werden. Zum Ausgleich. Es hätte ja passieren können, dass nachgedacht worden wäre.

Neben dem Haus waren ein paar Kinder vom Spielplatz ausgebüxt, während ihre Mütter direkt auf der Bank vor dem Zaun saßen und ihren Spritz ballerten. Vermutlich redeten sie über ein neues Rezept oder dieses Kollektivyoga, irgendetwas von diesen

Dingen, die Frauen in Nadjas Alter zu betreiben anfingen, während die Männer flexible Arbeitsplätze hatten und abends das Kind spazierenfuhren, damit die Frauen ein Bad nehmen oder meditieren konnten, da dies wieder ein karriereloser Tag gewesen sein würde. Einer der Jungen war auf den trockengelegten Springbrunnen neben der Kreuzung geklettert, und immer wieder konnte Nadja nicht umhin, sich vorzustellen, wie eins der Kinder vor ein vorbeirasendes Auto fallen oder beim Versuch, über den Spielplatzzaun zu klettern, in der Mitte von den Stangenspitzen aufgespießt werden würde.

- Du wohnst echt in dem bürgerlichsten Drecksviertel.

- Jetzt tu mal nicht so, sagte Clemens und lachte. Machst du mir jetzt einen auf The Clash?

- Wieso?

- Wenn die von ihren Anfängen erzählten, haben die so getan, als hätten sie in einem Abbruchhaus gelebt und manchmal zum Essen nur mit Mehl gepanschtes Wasser gehabt. Nur dass der Sänger von denen davor auf der Kunstakademie war und davor auf einem englischen Internat und davor an irgendwelchen Orten überall auf der Welt, weil sein Vater Diplomat war.

Er legte Nadja den Arm um die Schultern.

- Du musst heute schon das ganze bürgerliche Game ablegen, damit es glaubhaft wird. Sonst hängst du nur in der üblichen Statuswettbewerbsschule.

Die Mütter von gegenüber waren jetzt richtig betrunken und schrien sich mit ihrem schrillen Gelächter darnieder.

- Oder nehmen wir die Sex Pistols, sagte Clemens. Die waren ja schon fast gecastet und auch kommerziell und so. Aber sich vom Interviewer wegzudrehen und zum anderen zu sagen: Der ist schon ein blödes Arschloch, oder? Oder auch das mit den Hakenkreuzen und Karl-Marx-Aufnähern am Revers. Das ginge heute bestimmt nicht mehr durch. Ich mein, die wollten ja auch keine Revolution machen. Oder doch?

- Gibt es zum Beispiel diese Fernsehserie noch, diese Talkshow? fragte er und sah sie an.

- Ich hab keinen Fernseher, sagte Nadja.

- Wenn ich mir vorstelle, da säße jetzt einer, ein paar Millionen schauen zu. Und dann verweigert der sich einfach dem Gespräch, oder sagt: Ach weißt du was, fick dich doch, du altes Arschloch. Ich mein, bei mir gab es da auch mal so eine Zeit, in der alle dachten, mit der Generation, die jetzt kommt, wird alles anders. Alle haben sich gedacht, sie haben das Spiel durchschaut. Glaub mir, wir dachten, wir könnten für immer in zehn Stunden coolem Programmierjob die Woche weitermachen und den Rest der Zeit kiffen. Nur dass es früher fett genug Wissen neben dem Mainstreamleben gab. Heute ist das Durchwurstelnmüssen der Mainstreamlebensentwurf und das Leistungsprinzip gilt überall.

Clemens stand auf.

- Bald werden sie das Kraftwerk abreißen, kannst du dir das vorstellen?

Beide blickten sie auf die roten Lichter am schwarzen Horizont. Irgendwann würden sie nur noch Mikroorganismen sein, dachte Nadja, kleine mikrobische Zellen.

Eine angenehme Gleichgültigkeit überkam sie.

Wochen später war noch immer unklar, was mit ihr nicht stimmte. Die Ärzte stocherten weiter im Dunkeln, keiner konnte sagen, was zu tun war. Jeder beackerte seinen eigenen Fachbereich und entließ Nadja mit dem nächsten Überweisungsschein.

Da sie nicht wollte, dass die Familie über ihren undefinierten Gesundheitszustand Bescheid wusste, war sie nicht auf die Familienfeier gegangen und hatte vorgegeben, auf einen Workshop nach Hamburg zu müssen. Sie las die Nachrichten auf ihrem Telefon. Alle waren verständnisvoll, wie sie es immer sein würden. Kein Thema, Arbeit ginge eben vor. Man käme schon wieder zusammen, hoffentlich hätte sie bald mal einen schönen Urlaub.

Die Urlaubsfotos, die auf den Familienfeiern ausgetauscht wurden, sahen so aus wie überall im Internet. Nirgendwo kam man mehr hin, um ehrfürchtig zu erstarren, weil man etwas noch nie gesehen hatte. Jeder schnupperte ein bisschen fremde Kultur und war danach genau so dumm wie vorher auch. Da Nadja es sich weder leisten konnte noch den Sinn dahinter verstand, irgendwo hinzufahren, kaum dass man erschöpft in seine Freizeit gefallen war, sprang sie in der Arbeit immer ein, wenn die anderen weg waren, und gab der Familie gegenüber vor, auf eine größere Reise zu sparen. Geldinvestitionen waren ein Thema, über das oft und doch bedeckt gesprochen wurde.

- Ich mein, du könntest dann auch bei uns wohnen. Oder es vermieten. Sagte Valentin jetzt am Telefon. Vielleicht kann ich dich auch auszahlen. Am Geburtstag war es offenbar ums Erbe gegangen. Es sei am besten, direkt zu investieren. Man lebte schließlich in unsicheren Zeiten. Nadja wusste, dass Valentin seit Längerem mit dem Gedanken spielte, mit seiner Freundin etwas zu kaufen. Kredite würden für ihn kaum eine Rolle spielen. Aus der Art, wie sie mit Nadja darüber sprachen, klang ein beidseitiges Schweigegelübde über ihre Mittellosigkeit heraus. Es war ja auch wirklich unangenehm. Man traf sich schließlich am liebsten mit seinesgleichen. Und obwohl Nadja schon über die Runden kam, war da einmal ihr Geld und dann das Geld der anderen.

- Ich habe einen guten Job, sagte Nadja. Ich brauche kein Geld.

- Das wissen wir doch, sagte Valentin.

Ihr selbst waren diese Geldangelegenheiten so unangenehm, dass sie es direkt ablehnen würde, hätte man ihr eine größere Summe Geld angeboten. Geld machte die Leute doch immer korrupt. Sobald es ums Geld ging, waren die Verschwörungstheorien nicht weit. Obwohl sie es immer so geschafft hatten, war ihr der BAföG-Bescheid zweimal abgesprochen worden.

- Sieh es als Startkapital, hatte ihr Vater gesagt, neben dem missbilligenden Gesichtsausdruck von Agnes, als hätte sie schon damals gewusst, dass das nichts werden würde, sodass Nadja fortan jeden Job angenommen hatte, der sich ihr bot. Ob sie denn überhaupt wüsste, was für ein Privileg das sei. Dabei hatte Agnes den Mund verzogen auf die Weise, wie man es macht, wenn man sich an jemanden verschwendet.

- Macht einfach ihr das aus, sagte Nadja, um ihrer Mutter bloß nicht das Gefühl zu geben, sie könne ihr etwas wegnehmen, auf das sie ihr Leben lang gewartet hatte.

Als sie erneut von ihrem Herzrasen erwachte, drehte sie die Heizung runter und setzte sich aufs Sofa. Obwohl es mit umgezogen war, fühlte es sich völlig anders an als vor einem Jahr. Nadja fragte sich, wann die Abstände groß genug sein würden, um zu begreifen, was sich ereignet hatte und um an einen Ort zurückzukehren, der gerade weit genug entfernt lag, um sagen zu können, dass es jetzt anders war. Immer hatte man ihr beigebracht, dass sie zu jung war. Zu jung, um objektiv auf das gerade erst hinter ihr liegende Leben zurückblicken und die Dinge in Relation setzen zu können. Als junger Mensch wögen die Dinge immer noch unterschiedlich falsch. Es war da noch kein richtiger Erfahrungswert, auf den man zurückgreifen könnte. Die jungen Leute von heute hatten außerdem sowieso keine Geschichte. Kein Krieg, keine Not, nichts. Wo sollte da auch was von Bestand herkommen.

Obwohl sie sich mit Ereignissen aus ihrer Kindheit in einer Klarheit verbunden fühlte, die nichts zu tun haben konnten mit dem tatsächlich Vorgefallenen, bildeten manche Lebensjahre einen nebulösen Krater, in dem ihr alles vollkommen schleierhaft erschien. Die Schule war für sie immer ein Ort unmöglicher Begegnungen gewesen, voller lauerndem Unheil, das jederzeit über einen hereinbrechen konnte. Obwohl sie keine Probleme gehabt hatte, sich die Dinge zu merken, war alles merkwürdig gleichgültig geblieben. Rückwirkend schien alles wie von einer großen Monotonie verschluckt, von der nichts geblieben war, was sie wirklich mit dieser Zeit verband. Im Schnelldurchlauf hatte man immerhin noch ein bisschen was mitgekriegt. Die ganzen G8-Kinder, was lernten die denn noch? Die armen Digital Natives. Anstatt auf die Barrikaden zu gehen, wurde direkt im Mutterleib Achtsamkeit und Selbstverwirklichung in sie injiziert. Die waren alle so gesund und scheißfreundlich, und überall prügelten diese niedlichen Loveyourselfandeverybody-Werbeclips mit ihren glücklichen Ukuleleklängen auf einen ein. Wenn das mal kein Lebensgefühl war.

Nadja nahm sich ein Glas Wasser und wurde erneut das Gefühl nicht los, jemand würde sich durch die Wohnung bewegen. Da war immer so ein kontinuierliches Geräusch von Schritten, die über den Boden glitten, bis es ihr war, als kämen sie direkt neben ihrem Bett zum Stehen. Ein bisschen so wie bei ihrem Vater damals, wenn er nachts ins Zimmer gekommen war, um nachzusehen, ob sie schlief. Die ersten Male hatte sie die Augen immer fest verschlossen gehalten und abgewartet, bis er gegangen war. Manchmal war er einige Momente einfach stehen geblieben, und jedes Mal hatte ihr Herz aus unerfindlichen Gründen wild zu schlagen angefangen, als wäre er ein Fremder, der den Bereich der größtmöglichen Verwundbarkeit betreten hatte, den Bereich zwischen Noch-Wachsein und dem Zustand des Schlafes, der ihr damals schon wie ein kleiner Tod vorgekommen war. Erst wenn seine Schritte sich in den Flur entfernt hatten, war Nadja ruhiger geworden, und nicht selten war es vorgekommen, dass sie ihre Eltern daraufhin leise miteinander hatte reden hören, wie im Streit, bevor sich Mareks Schritte die Treppen hinunter ins Wohnzimmer bewegten und es ihr schien, als hörte sie Agnes aus dem Schlafzimmer weinen, aber vielleicht war es auch sie, die ihn fortgeschickt hatte. Nadja hatte die Dynamik zwischen ihnen nie verstanden, es erschloss sich ihr nicht, wie sie zueinander gestanden hatten und was es war, das sie voneinander trennte. Sie fragte sich, ob Agnes den Ort seiner Produktion kannte oder die Einsamkeit, die eintrat, wenn man in einen für sich nicht vorgesehenen Bereich geraten war, den man fälschlicherweise gewagt hatte zu betreten. Und während sie manchmal den Eindruck hatte, dass das Agnes' ganzes Elend war, welches sie jeden Tag und ohne Klage ertrug, war es, als hätte Agnes immer gefürchtet, ihre Kinder könnten ihm näher sein als sie, sodass sie selbst nach seinem Tod froh darüber war, als Nadja die Kunst endlich sein gelassen hatte.

Nach den Tests in der Endokrinologie fuhr sie zu Clemens. Sie hatten ihr eine Menge Blut abgenommen, Hormone gespritzt und in Abständen von dreimal einer halben Stunde erneut Blut abgenommen. Clemens hatte Pfannkuchen gemacht, die sie mit schnellen Bissen aß und versuchte, nicht zu gierig dabei zu wirken.

- Wir sind so harte Klischees. Wie so ein Independentfilm. Der Krebskranke und der Krüppel. Und dann ziehen über uns niedliche Wolken und alles ist neonfarben.

- Indiefilme sind nicht neonfarben.

- Was war dann nochmal neonfarben?

- Comics?

- Du hast keine Ahnung von Comics, oder?

- Nein.

Nadja betrachtete das Ufo, an dem Clemens seit Wochen bastelte. Er hatte sogar kleine Blinklichter angebracht, die sich der Reihe nach bewegten. Es war schrecklich.

- Was hast du gegen mein Ufo?

- Es erinnert mich an eine Drohne.

- Na und?

- Ich mag sie nicht. Sie könnten überall sein.

- Könnten sie nicht.

Nadja hob die Handflächen nach oben.

- Du würdest sie hören, Mann, sagte Clemens. Und sehen würdest du sie auch, wenn sie Aufnahmen von dir machen würden.

- Sie müssen ja gar keine Aufnahmen von mir machen. Ich mag nicht, dass sie überhaupt Aufnahmen machen. Schau, einfach meine Straße und dann mein Haus. Und dann ist da mein Fenster. Die Leute würden sonst vielleicht gar nicht mitkriegen, dass es dieses Fenster gibt. Aber wegen der blöden Drohne wissen die Leute dann, dass es mein Fenster gibt. Und dann werden sie neugierig und fragen sich, was sich dahinter verbirgt.

- Ah. Er nickte. Die Leute wollen ausgerechnet wissen, was hinter deinem Fenster ist.

- Ich meine nur, der Raum wird immer kleiner.

- Der Raum wird immer größer.

- Nein. Es ist wie mit der beschissenen Globalisierung. Die Weite verschwindet.

Als Nadja über eine Woche nichts von Joyce gehört hatte, rief sie in der Arbeit an.

- Du Depp, lachte Joyce.

- Erzähl mir was.

- Hier ist alles beim Alten. Aber du fehlst. Die wollen jetzt Babette zu mir setzen, das mach ich nicht mit.

- Was war bei den letzten Meetings?

- Ach du weißt schon. Im Prinzip wie immer.

Joyce fehlte nicht. Joyce war überhaupt nie krank. Wie ein wunderschöner Gynoid schritt sie Tag für Tag durch die Gänge zwischen den Büros und erledigte ihre Arbeiten mit der immergleich gedehnten Grazie, die ihr Körper ausstrahlte, endlos und unkaputtbar.

Bei den meisten Projektleitern verhielt es sich ähnlich. Es machte keinen Unterschied, wie alt sie waren, aus jeder Pore ihres Körpers strömte eine fast sinnliche Gier nach Leistung. In den Meetings war es, als bestünde eine sexuelle Energie zwischen ihnen, die sie von innen heraus stählte und jede Schwäche niedermachte. Berauscht von der sie umgebenden Kraft war Nadja jeden Tag mit derselben Motivation zur Arbeit gegangen, und nach jeder absolvierten Schulung erfüllt von Stolz und einer angenehmen Überlegenheit gegenüber all jenen, die nicht Teil ihres Kosmos waren, des Kosmos der Technik und des Fortschritts, dem sie einen großen energetischen Körper gaben, für den sie mit ihrem Namen standen. Am Tag ihrer internen Festanstellung war sie mit Joyce und ein paar anderen feiern gegangen und hatte plötzlich ihre Macht verstanden. Kokaingöttinnengleich waren sie durch die Clubs geschwebt und konnten trotzdem am nächsten Tag wieder volle Leistung bringen.

- Mach dir keine Sorgen, jeder hat mal einen Durchhänger, sagte Joyce jetzt.

Nadja versuchte sich vorzustellen, wie die Durchhänger von Joyce aussahen, und in dem Bild, das sich ihr bot, trug Joyce dicke wollene Socken an den nackten muskulösen Beinen, die glattrasiert und makellos waren, während ihr Gesicht von einer Detoxmaske bedeckt vollkommen entspannt von großen Kissen umgeben war. Wahrscheinlich stimmte das nicht, wahrscheinlich maulte sie Patrick beim Nachhausekommen an, dass er die falschen Sachen gekauft hatte oder das Essen nicht rechtzeitig fertig war, und Patrick nahm sie dann in die Arme und hielt ihre von Schweiß und Stresszucken verschmierten Schläfen in den Händen, bis sich ihr Körper entspannte und sie sich streicheln ließ wie eine zahme Katze. Vielleicht ging sie auch aus und mit einem nach Hause, da sie etwas spüren wollte, und weil sie nicht einsehen wollte, dass das alles war, dieses kleine langweilige Leben mit Mann und Heim und ewiger Treue. Vielleicht hatte sie kleine Piercings an den Brustwarzen, an denen sie sich Dinge befestigen ließ, während sie auf jemanden urinierte. Es war all das möglich, Nadja wusste es nicht. Sie kannte sie nicht. Jeden Tag waren sie zusammen in den Ring gestiegen und machten doch am Ende des Tages Dinge, die keiner vom anderen wusste. Ohne diesen Ring war es plötzlich, als gäbe es Nadja nicht, als wäre sie der Welt entglitten und außerhalb dessen, was die Tage zusammenhielt. Sie rasierte sich nicht mehr, wusch ihre Haare nur noch jeden dritten Tag und kotzte ab und zu ein bisschen Galle.

Aus Langeweile war sie jetzt immer öfter im Darknet. Lange Zeit hatte sie es für die Todeszone Mensch gehalten, auf die nur absolute Supergeeks und Hacker einen Zugriff hatten. In Wirklichkeit war es gar nicht so schwer. Die Oberfläche sah ein bisschen so aus wie zu Beginn des Internets in den 90er-Jahren. Man musste halt wissen, was man wollte. Neuerdings versuchte sie es mit Waffen. Dafür musste man sich vorher nur ein bisschen in einschlägigen Chatrooms rumtreiben, um an die richtigen Adressen zu kommen. Auch das war leichter als gedacht. Nadja lernte Reichsbürger_239 kennen, und schon war sie im Spiel.

An ein AR15-Karabiner zu kommen, war kein Problem. Das waren diese Amokläufer-Sturmgewehre mit kurzem Lauf, mittlerweile eine der meistverkauften Waffen der Welt und eine Abwandlung des M16, des amerikanischen Standardsturmgewehrs seit dem Vietnamkrieg Anfang der 70er-Jahre. Das einzige Sturmgewehr, das ansonsten noch die wahrscheinlich am meisten verbreitete Waffe weltweit war, war die Kalaschnikow, von der die Tschechen und Polen heute noch eigene Produktionen hatten. Generell war das Patent des AK47 und AR15 weltweit schon so oft zur Wiederproduktion verkauft worden, dass sie mittlerweile nicht nur von einer Firma, sondern zig Firmen hergestellt wurden. Aber wie auch immer. Im Prinzip herrschte im Darknet die gleiche Kausalität wie überall, wo man auf Leute traf, die sich vom halb illegalen Bereich in den illegalen Bereich verstiegen hatten. Mit den Drogen war es ja das Gleiche. Die bösen Drogenmenschen. Das waren gesellschaftlich ja die wirklich Allerschlimmsten. Als 2016 der philippinische Präsident gesagt hatte, er wolle die drei Millionen Drogensüchtigen seines Landes ebenso ausrotten wie Hitler die Juden, war ein Aufschrei durch die Regierungen gegangen. So etwas durfte nicht gesagt werden. Aber irgendwie waren die Drogenmenschen dann doch überall die richtigen echten Verbrecher, vor denen man das Land, ja die Welt, schützen musste. Die waren schon schlimmer irgendwie noch als die ganzen Vergewaltigerdeppen. Und die Amokläufer. Genau. Menschen hatten ja schon immer ihre Gründe gehabt, andere Menschen abzuknallen.

Nachdem die Befunde in der Endokrinologie nichts Eindeutiges bewiesen hatten, vereinbarte Nadja einen Termin in der Neurologie. Immer noch schien ihr Körper vollkommen normal zu arbeiten, alle Tests waren negativ. Nebenniere, Hypophyse, reibungsloser Stressabbau. Für die hormonelle Untersuchung sollte sie nochmal in zwei Monaten vorstellig werden. Bis dahin würden dann auch die Ergebnisse der Kernspintomographie vorliegen.

- Ich will das nicht, sagte sie zu Clemens, der seinerseits auf die Ergebnisse aus dem letzten MRT wartete. Was anfangs noch wirkte wie kurze Reaktionen eines Schocks, der sich nach einer Woche Ruhe schon wieder von alleine legen würde, hatte sich langsam zu einer zunehmenden Lähmung ihres ganzen Apparates zusammengeschraubt.

In der Zwischenzeit hatte ihr Agnes die Nummer von einem Heilpraktiker gegeben, dessen anthroposophisches Leitbild die ganzheitliche Betrachtung des Menschen in seiner Verankerung im Universum versprach. In seinen Ausführungen berief er sich auf den Spiritisten Rudolf Steiner, Anhänger des Kreises um Madame Blavatsky, eine russlanddeutsche Okkultistin, auf die Nadja einmal bei einer Recherche über Paul Klee gestoßen war. Während diese sich also auf die Meisterlehre prädestinierter Männer in höherer Bruderschaft verstiegen hatte, war ihr scheinbar entfallen, dass sie als Frau selbst Teil der niedersten Wurzelrasse war.

- Ganz sicher nicht, sagte Nadja zu ihrer Mutter, und streckte ihre Finger so weit es ging auseinander.

Mittlerweile kam es vor, dass sie sie nicht mehr unabhängig voneinander bewegen konnte und Schwierigkeiten dabei hatte, Gegenstände anzuheben, geschweige denn zu tragen. Als ihr ein paar Tage später die Kaffeetasse aus der Hand gefallen war, wählte sie die Nummer.

Vor Ort musste sie in einem großen geräumigen Wartezimmer Platz nehmen, in dem man von einer auf Band aufgenommenen Stimme begrüßt wurde. Es sei dies ein Ort der Stille, der Besinnung auf unseren Platz in der Welt, las Nadja auf dem Flyer, der neben einem üppig gefüllten Wasserkrug mit reichlich Obst und Gemüse ausgeteilt lag. Obwohl sie nicht genau wusste, wen sie erwartet hatte, war sie doch überrascht über das vollkommen solide Auftreten des Mannes Mitte vierzig, der ihr gegenüber Platz genommen und zu Anfang einige Fragen gestellt hatte.

Sie sollte ihm kurz ihre aktuelle Symptomatik schildern, um dann zu den in jüngster Zeit sich ereignet habenden Vorkommnissen zu kommen. Nadja kannte das Prozedere und berichtete ihm kurz und bündig in schön formulierten Sätzen, wo sie stand.

- Ja, sagte er.

Da sei natürlich einiges da, was miteinander in Verbindung stünde, aber der Mensch sei auch nicht nur seine Seele. Die meisten kämen zu ihm, weil ihr Körper ab irgendeinem Zeitpunkt aus unerklärlichen Gründen einfach nicht mehr richtig funktionierte.

Nadja nickte.

- Das hat meistens noch ganz andere Ursachen, als man so denkt, sagte er und wies sie an, sich auf eine Liege zu legen, hinter deren Kopfende sich einiges an Geschirr und Instrumentarien befand. Mit der rechten Hand fuhr er ein paar Male ihren Körper auf und ab. Ließ sie an ein paar Stellen verharren, verengte die Augen, nickte leicht. Nahm dann ein paar der kleinen Fläschchen mit durchsichtigen Flüssigkeiten, ließ sie ebenfalls an den betreffenden Stellen ruhen, schüttelte den Kopf, nahm ein anderes. So verfuhr er etwa zehn Minuten, bis er ein paar der Gefäße beiseite gestellt hatte und sich neben Nadja auf einen Hocker setzte. Es sei so, dass alle heute einer enormen körperlichen Belastung ausgesetzt wären. Das hätte die verschiedensten Gründe, nicht zuletzt die Rückstände von Medikamenten und verstärkte Umweltfaktoren, die den Körper angefangen hätten auf Zellebene anzugreifen.

- Unsere Zellen gehen kaputt, und wir werden krank, sagte er. Wieder nickte Nadja.

- Das kann so weit gehen, dass wir schlimme Vergiftungen in uns tragen, die wir lange Zeit nicht bemerken, sagte er.

Traumata und überlieferte Botschaften trügen eine Menge zu der Konstitution der eigenen Physis bei. Wenn man sich nicht davon reinigte, bildeten sich mit der Zeit Geschwüre und Parasiten. Bei der Anamnese habe er nun festgestellt, dass es sich in Nadjas Falle um eine Art Pilz handelte, der sich von der Leber weg in die verschiedensten Regionen ihres Nervensystems verbreitet hatte und der, wenn man ihn nicht sofort behandeln würde, sogar rheumatische Züge annehmen könnte.

- Multiple Sklerose, sagte er, als er einige Dinge auf dem Computer für Nadja zusammenschrieb, sei ebenfalls eine nicht selten zu beobachtende Indizerkrankung. Nadja nickte.

- Keine Angst, sagte er noch, und legte seine Hand beruhigend auf ihren Unterarm. Sie sei durch ihr noch recht junges Alter in der glücklichen Lage, dass man sie wieder hinkriegen könnte.

Nadja verstand nicht, warum die Leute das immer betonen mussten. Als relativ junger Mensch wäre ja noch alles möglich. Was sollte das heißen? Junge Menschen starben genauso wie alte, sie gerieten auf Gleise, wurden krank oder süchtig. Es war das immer selbe lahme Gewäsch, das sie sich anhören musste: Man wusste noch nichts, verfügte über noch keine glaubwürdige Urteilsfähigkeit und war nicht in der Lage, die Zusammenhänge zu verstehen. Und natürlich der fehlende Krieg. Und die fehlende Not. Nadja war es schleierhaft, wie überhaupt irgendjemand behaupten konnte, den Überblick zu haben, vor allem irgendwelche Experten, deren Erkenntnisdunst schon bald an die Grenzen ihrer Fachbereiche stieß. Der Heilpraktiker schien zu lächeln. Sicher freute er sich über den ordentlichen Batzen, der diesen Monat wieder auf seinem Konto landen würde. Nadja blieben solche Aussagen auf eine ähnliche Weise suspekt wie der Ausspruch, die Welt stünde einem offen. Die Welt stand einem nicht offen, es sei denn, man hatte Geld. Die Welt wollte auch nichts von einem wissen, sie hatte Kriege, das Klima, Nazis und Tausende von Menschen, die jeden Tag starben, weil andere Menschen dachten, Bomben zu werfen sei eine gute Idee. Die Welt hatte Männer, die ihre Frauen verstümmelten, und Frauen, die ihre Männer in Brand steckten. Sie hatte das Geld und das Internet, und Eltern, die ihre Kinder in den Keller sperrten. Es waren düstere Zeiten für die Welt. Aber was interessierte das schon. Leute, die den mittleren Osten oder Südostasien frequentierten, um sich selbst zu finden, waren dadurch kein bisschen weiter in das große Weltmysterium vorgedrungen. Portioniert wurde alles in die bekannten Erfahrungsraster gequetscht, die den eigenen Horizont verengten.

Der Mann druckte Nadja einen Bogen aus, auf dem zwölf unterschiedliche Tinkturen gelistet waren, von denen sie jeden Tag zwei- bis dreimal die angegebene Dosierung einnehmen sollte. Auf drei weiteren Bögen fand sie Erläuterungen zu den Wässerchen, ihrer Zusammensetzung und die Steigerung der Dosierung nach fortgeschrittenem Entgiftungsgrad. Wichtig sei, dass sie das ihr entsprechende Tempo fände und einhalte.

- Jeder Körper entgiftet unterschiedlich schnell, sagte er, und erklärte ihr noch mal, mit welcher Dosis sie beginnen sollte und welche Mittel erst in der zweiten Woche dazuzunehmen seien.

- Glauben Sie mir, sagte er. Sie sind kein einfacher Fall. Aber ich habe auch schon Schlimmeres gesehen. Wenn Sie jetzt anfangen, haben Sie mit Sicherheit gute Chancen, dass es Ihnen in ein paar Monaten bereits schon wieder gut geht.

In ein paar Monaten, schrieb Nadja in der S-Bahn an Clemens. Das ging nicht, sie musste zurück zur Arbeit.

Neben ihr starrte eine knochige Frau mit aufgerissenen Augen in den Gang zwischen den Sitzreihen, in dem eine Gruppe junger Mädchen in ihre Smartphones kicherte. Es war schon unfair. Ein paar dralle Jahre, dann runzelte man dahin. Hass stand ihr ins Gesicht geschrieben. Keiner sollte mehr jung sein, wenn sie es auch nicht mehr sein konnte. Und dünner waren die auch noch, die Mädchen da im Gang. Ausgehungert blickte sie auf die knochigen Gestelle, von denen sie noch das letzte Stück Fleisch abnagen wollte, um sich von der Dünnheit der anderen zu nähren. Da mittlerweile der Großteil der mittelständischen weiblichen Bevölkerungsschicht herumlief, als könne man kleine Glöckchen an den hervorstehenden Knochen befestigen, dachte ein Großteil der männlichen mittelständischen Bevölkerungsschicht, Frauen wären eben so. Ätherisch schwebten sie durch die Straßen, und aßen ihr Knäckebrot am geöffneten Fenster stehend, um noch ein paar Kalorien direkt während des Essens wegzufrieren. Zu hungern war allgemein anerkannt und fiel zu Zeiten von Superfood und Fitnesscentern kaum mehr ins Gewicht. Problematisch wurde es dann, wenn zu offensichtlich etwas nicht mehr stimmte. Wenn da dieser süßlich-alkalische Geruch von Hunger war oder kaputte Zähne vom heimlichen Kotzen. So was wollte man dann natürlich lieber nicht im Bett haben, auch wenn so ein Körper in Konfektionsgröße Kind mit den richtigen Proportionen so unattraktiv nicht war. Wäre da nicht das sichtlich gealterte Gesicht, das irgendwie verstorben wirkte, was dann auch den Eltern auffiel, die sich ein bisschen dafür schämten, dass das eigene Kind zum Mahnmal für etwas geworden war, das sich ihnen einfach nicht erschloss. Irgendwann war dem Hungermenschen schließlich das arme Gehirn klein gehungert. Der ständigen Anstrengung müde, versteckte er sich und starb oder wurde in psychiatrischen Einrichtungen unter seinesgleichen gesperrt, wo das Symptom sich endlich auch für den Rest des Lebens manifestieren konnte, denn die Zeit vor alldem war irgendwie nicht mehr verbunden mit einem, und die Welt auch nicht, sodass es das Einfachste sein würde, so weiterzumachen, irgendwann würde es schon vorbei sein.

Seit sich ihr Körper verändert hatte, wusste Nadja wieder, wie man angesehen wurde, wenn man nicht so aussah, nämlich gar nicht. Man war nur eine normale, etwas unförmig geratene Frau, die schlimmstenfalls auch noch schwitzte und keine Kleider mehr trug, weil die Beine voller Wasser waren. Bestach man nicht durch geistige Brillanz, war man ohnehin gleich unbrauchbar. In die Tonne mit dem Elendspack. Dann doch lieber ein bisschen Pädophilie.

Zu Hause stellte sie die zwölf unterschiedlich großen Fläschchen in zwei Reihen auf ihren Nachttisch. Die Schmerzen in den Gelenken waren mittlerweile so stark, dass sie weder stehen noch liegen konnte. Gut. Wenn es das sein sollte, würde sie sie alle nehmen. Sie würde sich die Wässerchen reinziehen, bis zum letzten Tropfen. Sie würde ihren Körper reinigen, bis auch das letzte bisschen Pilz aus ihm gewichen war. Eins nach dem anderen öffnete sie die Fläschchen und träufelte sich mit der Pipette die angegebene Tröpfchenzahl auf die Zunge.

Am Abend berichtete sie Joyce, was passiert war. Wie immer sah sie Nadja geduldig an, während sie sprach.

- Sieh zu, dass du wieder gesund wirst, sagte sie. Erstaunlicherweise war sie überhaupt nicht wütend. Es musste schrecklich sein im Büro, jetzt da sie alles alleine machen musste. Aber bald würden sie wieder zusammen sein.

- Mach dir keine Sorgen, sagte Joyce, und erleichtert über ihr Verständnis beschloss Nadja, dass von jetzt ab alles anders werden würde. Sie musste jetzt einfach alles mitmachen, was zu tun war, dann würde sie endlich bald wieder zur Arbeit zurückgehen können. Was auch immer passierte, sie durfte auf keinen Fall ihren Job verlieren. Sie würde alles tun, was erforderlich war. Das war es schließlich, was sie konnte: weiterlaufen, wenn die Faust in der Fresse landete. Schneller sein als der Fuckup.

II

Das Konzert fand in einem brachen Innenhof inmitten von Connewitz statt. Es spielte eine lokale Band, die Schrot hieß. Zwei in die Jahre gekommene Burschen und eine Frau, die vom Gesicht her ein bisschen aussah wie eine kaputtere Version der jungen Dolly Parton. Sie trug schwarze Jeans und eine Bomberjacke, die sie nach dem ersten Song in die Menge warf. Die Jungs rackerten sich ab, sie gaben wirklich alles. Der Schlagzeuger musste beim Spielen immer wieder aufstehen, so viel Energie war in seinem zerlebten Leib. Seit Langem hatte Nadja endlich das Gefühl, wieder unter Menschen zu sein, denen man ansehen konnte, dass gelebt worden war bis zu diesem Moment, da sie dem Publikum ihre Wut ins Gesicht schrien. Die Frau hatte diesen wunderbaren Ruf-Gesang. So ein Rufen, das sich schnell zu einem lauten Kreischen hinaufschraubte, wie ein Alarm, auf den alle gewartet hatten und der sagte, dass es endlich so weit war. Während die Leute sich übereinanderwarfen, headbangte die Sängerin in der Menge wie ein kleiner Pitbull. Sie sprang herum und schrie *Zieht das Geschwür heraus* in die roten Gesichter. Es gab keine Pausen zwischen den Songs, unerbittlich bretterte der Schlagzeuger mit dem nächsten stumpfen Punkbeat ins darauffolgende Lied und knüppelte dem hüpfenden Volk die Trägheit aus dem Körper. Nach fünfundzwanzig Minuten dichtestem Lärm wurde ein Sterni nach dem anderen gekippt, welches hier einfach so für einen Euro dargereicht wurde. Alle jubelten aufgepeitscht weiter und hüpften im Takt der Verbundenheit.

- Zu DDR-Zeiten sah das noch ganz anders aus.

Christopher war wieder aufgetaucht und hockte sich neben Nadja auf den Boden.

- Da gab es dieses System mit den Einstufungen. Alle Bands mussten ihre Sachen, Songtexte und Aufnahmen und so einem Komitee vorlegen, und die haben dann entschieden, ob man spielen durfte oder nicht. Wenn denen nicht gepasst hat, was du machst, konnten die verhindern, dass du überhaupt je irgendwo wieder auftreten oder gespielt werden durftest. Und wenn die nur dein Name gestört hat. Da gabs dann halt die einen, die wirklich mit allem dafür standen. Und dann gabs noch die Modepunkbands wie heute auch, die dann so nach Joy Division klingen, und im Prinzip nichts riskieren. Es muss schon Blut fließen. Keine Revolution funktioniert ohne Gewalt.

Nadja schaute auf die Bühne und beobachtete, wie Mariam neben dem Verstärker mit der Sängerin redete.

Bier! rief einer, alle grölten mit.

- Nadja, hör mal, sagte Mariam, die sich von der Band losgerissen hatte. Sie war das! sagte sie und deutete mit einer Nickbewegung in Richtung der Sängerin.

- Was wirklich? fragte Nadja.

- Was war sie? fragte Christopher.

Mariam grinste.

- Sie hat das Banner ganz oben am Kran befestigt, sagte Nadja und schaute zuerst Christopher und dann Mariam an.

- Alleine? fragte Christopher.

- Hier, halt mal, sagte Mariam und drückte ihm eine Spraydose in die Hand. Aus dem Rucksack kramte sie die Schablonen.

- Die Aufkleber hab ich schon verteilt, aber zu Hause hab ich noch welche.

Christopher schaute auf die Dose in seiner Hand.

- Immer kräftig schütteln, sagte Nadja und machte ihm mit der Hand in der Luft vor, wie es ging.

- Wir treffen uns dann nachher unten wieder.

- Was machen wir denn? fragte Christopher, der immer noch nicht verstand, was geschah.

- Du schaffst das schon, sagte Mariam, packte Nadja am Arm, dann liefen sie los.

Die Balken waren eine spontane Idee gewesen. So eine Mischung aus den Hexagrammzeichen des I Ging und Black Flag. Manchmal verwendeten sie noch das große Y, aber das verstanden die meisten nicht. Die Frau aus der Band hatte einfach gleich ein großes WARUM daraus gemacht. Am nächsten Tag war es sofort in den Medien gewesen. Vor allem die Aufkleber gingen ziemlich gut weg. Mariam hatte immer mehr Leute dazu gebracht, sich ihnen anzuschließen. Mittlerweile fand man sie schon in ganz verschiedenen Stadtteilen. Manche waren richtig gut. Die Elektriker zum Beispiel. Die kamen überall rein. Sie hinterließen immer etwas, oder räumten um, was sie konnten.

- Wir wollen nur ein bisschen das Bewusstsein kitzeln, sagte Nadja später zu Clemens.

- Ist das nicht ein bisschen esoterisch?

Clemens rieb sich das Gesicht.

- Nee, das ist was fürs Bürgertum. Die haben eine ganz bestimmte Empfänglichkeit für Esoterik und Übernatürliches. Privatbesitz, das ist esoterisch.

- Das ist das Problem mit der ideologischen Ordnung.

- Ich glaub, es fängt noch früher an. Darüber, also noch drüber mein ich. Universalismus.

- Ja.

- Du hast da immer noch Farbe, sagte er und tippte unter seine rechte Wange.

Nadja rieb sich das Gesicht.

- Besser?

- Perfekt.

- Ich muss dann wieder weiter.

- Gut, sagte er und winkte in die Kamera, bevor Nadja den Laptop zuklappte.

Als sie aufwachte, war ihr Mund staubtrocken. Mariam war noch nicht wach. Von draußen drang das Licht gerade so durch die vor das Fenster gehängten Häkelvorhänge, dass nicht klar war, in welchem Teil des Tages sie sich befanden. Mariams nacktes

Bein hing schlaff aus dem Bett, während der Rest ihres Körpers statuenhaft dalag, als könnte man sie so, wie sie da lag, einfach in die Vertikale stellen.

- Noch nicht, murmelte sie mit einer Stimme, die nach weit weg und Zigaretten klang. Mit einer Armbewegung wischte sie Nadja aus dem Zimmer.

- Ist alles da. Drüben, sagte sie.

In der Küche roch es nach Rauch und Gewürzen. Nadja setzte sich auf den Hocker und nahm eine Lychee aus der Schale auf dem Tisch. Überall lag Zeug herum. Sie legte ihren Finger auf den Zettel mit den letzten Notizen. Bei Mariam wirkte alles wie die Externalisierung von den Teilen ihres Bewusstseins, von denen sie noch nicht sicher war, ob sie ihnen trauen konnte. Egal, was sie machte, man konnte sehen, dass hier gearbeitet wurde.

- Jetzt ist es vorbei.

Als sie sich neben sie stellte, berührte Mariams Oberschenkel Nadjas Arm.

- Was? fragte Nadja.

Die Lychee kullerte auf den Boden.

- Es ist immer vorbei, wenn ich aufwache. Habs so oft versucht, aber den Weg rein sieht man dann plötzlich nicht mehr. Das ist schon traurig, irgendwie. Man beginnt den Tag dann mit dieser Sehnsucht, findest du nicht?

Sie setzte Wasser auf. Nadja bückte sich, um die Lychee wieder aufzusammeln, konnte sie aber nirgends entdecken.

- Wie war dein Schlaf?

Mariam sah sie plötzlich an, als sei sie schon seit Stunden wach.

- Du hast da diesen Spalt in der Wand, sagte Nadja. Also keinen richtigen Spalt, aber so ein längliches … wie ein Loch, aber mehr so eine Büchse.

- Eine Büchse?

- Das ist so eiförmig, aber vielleicht auch mehr wie eine Raute, also zumindest nach unten hin.

- Ja?

- Das hab ich. Also das hab ich sehr lange angeschaut.

- Hast du nicht geschlafen?

- Ich hab das wirklich lange angeschaut.

- Wir müssen schlafen, weißt du. Sonst machen wir nur Dummsinn.

- Blödsinn.

- Wirklich?

- Unsinn. Echt.

Das Wasser blubberte im Topf.

- Vielleicht brauche ich doch so einen Kocher. Das geht schneller.

- Die siffen immer. Also meiner sifft. Und der davor hat auch gesifft.

- Vielleicht liegt es auch an dir.

- Ja, sagte Nadja. Das ist wahrscheinlich.

Mariam goss den Kaffee auf und reichte Nadja ein Stück Honigkuchen.

- Ich dachte, wir können heute einfach mal weitermachen. Mariam sah Nadja aufmerksam an.

- Schau, es ist einfach. Man kann den Inhalt auch anders zusammenhalten.

Beim Reden drückte Mariam ihre Hand auf den Tisch.

- So glaube ich zumindest, Lguin verstanden zu haben.

Mariam verschluckte immer das e von Le Guin, als würde es sich um einen Vornamen handeln. Gerade arbeitete sie an Szenen aus einem von Le Guins Romanen, in dem es um eine Art anarchistischen Lebens im Doppelplanetensystem von Anarres und Urras ging. Während es auf Urras mehrere Staaten mit unterschiedlichen politischen Ausrichtungen gab, wie insbesondere A-Jo und Thu, die ein bisschen mit der West-Ost-Thematik vergleichbar waren, das eine geprägt durch Patriarchat und Kapitalismus, das andere durch sozialistische Diktatur, lebten die Bewohner Anarres' in kargeren Einöden, aber unter dem Stern der Anarchie, losgelöst von Hierarchie und politischer Herrschaft. Die Hauptfigur Shevek war gewissermaßen symbolisch für den

Widerstand, für den Kampf gegen Kapitalismus und Klassengesellschaft. Nadja hatte es noch nicht geschafft, es ganz zu lesen. Wie immer bei der Lektüre größerer Texte fiel ihr das Lesen unglaublich schwer. Es war nicht so, dass ihr Lesen an sich keinen Spaß machte, sie konnte sich nur immer so schlecht konzentrieren. Dieses ermüdende Sichfortmühen Satz für Satz. Sie dachte ja auch nicht linear. Es sprang vielmehr immer hin und her in ihrem Kopf. Außerdem gab es so viel, dass sie nie wusste, wo genau sie überhaupt anfangen sollte. Nadjas Kopf war wie das Internet. Über jedes Schlagwort geriet sie woanders hin. So war es auch mit Dokumentationen. Es konnte ein ganzes Wochenende darüber vergehen, dass sie von einer Dokumentation in die nächste stolperte. Wenn sie sich etwas aus der Bibliothek auslieh, waren es meistens Bildbände.

Auf jeden Fall hatte Clemens ihr kurz vor dem Umzug einige Essays von Le Guin geschenkt, die sie jetzt mit Mariam zu lesen begonnen hatte. Gerade ging es darum, dass utopistisches Denken oft darauf abzielte, die Erfahrung einer Gemeinschaft durch Gesetze festzuschreiben.

- Also wir könnten, sagte Mariam jetzt, könnten eben genau da eingreifen. Also wenn wir die Form machen. Die Form strukturiert, bleibt aber frei allein dadurch, dass die Gesellschaft draußen bleibt.

Mariam war der Meinung, dass man noch nicht wissen konnte, was zu wissen war. Nadja wusste schon nicht, was sie überhaupt wusste. Auf jeden Fall freute sie es, dass Mariam sie in Formfragen immer zurate zog. Den meisten ging es nur noch darum, ob die großen Themen alle drin waren in ihren Arbeiten.

Nadja hatte den Formalismus aus dem Osten auch schon immer gut gefunden. Freiwillig hätte im Osten wohl niemand Aktivismuskunst gemacht. Außerdem war ihr diese grundsolide Einstellung zur Volkskunst zutiefst sympathisch. Sie war einfach ein für jeden zugänglicher und integraler Bestandteil des Lebens. So eine konstruierte Unterscheidung zwischen E- und U-Kultur konnte sich nur der Westen ausdenken. Nach seiner Übersiedelung war ihr Vater schließlich auch dem Abstrakten Expressionismus auf den Leim gegangen. Aber irgendwoher musste das Geld ja kommen.

Mariam legte das Bild von einem jungen Mann auf den Tisch.

- Weißt du, wer das ist?

Nadja zuckte die Achseln.

- Josef Dschugaschwili. Mariam lachte. Später hat er sich dann Stalin genannt. Auf dem Foto war er ungefähr so alt wie wir. Auf jeden Fall, noch mal wegen dem vorher. Das sagt Lguin ja auch, wenn es um die Sklaverei geht. Mariam tippte auf den Tisch. Dass die meisten Menschen das ja gar nicht erkennen können. Sie glauben anschließend, das wären ihre Interessen. Und dann wird gleich gesagt, dass mit denen etwas nicht stimmen kann, wenn sie nicht gleich rebellieren. Und nachher sind sie selbst schuld, und moralistisch schwach.

- Moralisch.

- Genau. Und wenn es dann wirklich jemand wagt, bleibt es sowieso unsichtbar. Und ich glaube, dass die meisten es sogar ablehnen würden, wenn sie eine Alternative kriegen. Letzten Endes kollabieren wir alle. Kolla?

- Kollaborieren.

Sie schnitt einen Apfel auf und pulte das Innere heraus. Nadja dachte an ihren Vater. Manchmal war es ihr so vorgekommen, als wäre er an irgendeinem Punkt einfach ausgestiegen, da die Menschen alles sabotiert hatten, für das er je gestanden hatte. Und dann hatte er einfach weitergemacht, als spielte all das keine Rolle. Aber natürlich tat es das. Damals hatten viele junge Leute, Intellektuelle, Künstler, und was es sonst an üblichen Verdächtigen gab, die linke Diktatur von links angegriffen, also mit dem Anspruch und der Forderung, dass der Kommunismus zum Kommunismus, zum wahren, werden sollte. Es war eine Bewegung gewesen, die von der Staatsspitze ausging und junge Leute mit den alten Justizopfern aus der Stalin-Zeit darin miteinander verband, dass sie die Humanisierung des Sozialismus wollten. Bis Russland im August 68 mit einer halben Million Mann Böhmen okkupiert und die Menschen zum Schweigen brachte.

Mariam setzte Wasser auf.

- Schau dir uns in Georgien an. 1918 hat die Nationalversammlung in Tiflis die Demokratische Republik Georgien ausgerufen. Das war die erste sozialdemokratische Regierung auf der Welt. Drei Jahre später hat Russland so getan, als wären sie auf unserer Seite. Und schon ein paar Tage danach ist die rote Armee in Tiflis eingerannt und hat gesagt, ihr seid jetzt die Georgische Sozialistische Sowjetrepublik. Lustig, oder? Aber wir hatten ja den Stalin und den Beria in Moskau.

Mariam hob die Arme nach oben.

- Aber weißt du, was wirklich lustig ist? Dass diese ganzen Bestrebungen wegen der Independence, dass es da auch im linken Teil der politischen Scene ganz unterschiedliche Vorstellungen gab, inwiefern man Teil der Sowjetunion war oder irgendwas damit zu tun hatte oder doch was ganz anderes sein wollte. Was ganz Eigenes.

Nadja gab ein paar Löffel vom weißen Tee in das Netz.

- Ich finde, wir sollten aus allem hier eine Box machen, sagte sie und legte die Hände auf das Material. Oder ein Buch.

- Ja. Oder. Mariam überlegte. Eine Karte. Weißt du, wie eins von diesen alten Dingern. Dann sieht man mehr. Und wir müssen nicht blättern.

- Ja.

Wenn sie nicht bei Mariam waren, trafen sie sich regelmäßig mit Christopher und den anderen in der alten Werkhütte. Menschen kamen und gingen, manche in kleinen Gruppen von zwei, drei Leuten, manche kamen allein, weil sie neugierig waren oder nichts hatten. Einer kam fast jeden Tag, redete kaum, brachte ihnen Materialien und aß gierig, bevor er wieder verschwand oder noch einige Zeit herumsaß und Zigaretten rauchte.

- Hier, damit kommen wir weiter, sagte Christopher, und warf ein paar Bretter auf den Boden.

- Was willst du damit machen?

Mariam wischte sich mit dem Unterarm den Staub aus dem Gesicht.

- Schilder.

- Ja. Sie schaute auf das Holz.

- Was ist? fragte Christopher.

- Nichts, sagte sie und schlug ihm mit der Hand auf die Schulter.

Er schüttelte den Kopf und ging nach draußen.

- Reg dich nicht auf, sagte Nadja und setzte sich neben ihn auf den Boden.

Er fuhr mit der Messerklinge über seinen Handrücken und zog den Schleim zurück in den Kopf.

- Mach das bitte nicht.

Christopher hielt ihr das Messer vors Gesicht.

- Ich meine das Geräusch.

- Was weißt du eigentlich über sie? fragte er.

Nadja sah in Mariams Richtung, die gerade die Leinwände bespannte.

- Ich meine, ihr seid doch nur in eurem Nebel aus ... Tarotkarten und Dystopien unterwegs. Lies mal Kropotkin, echt.

Christopher schnaubte.

- Ich hab es so satt, sagte er. Wenn das mit der Gentrifizierung so weitergeht, rufen wir die Autonome Republik Connewitz aus. In Plauen hieß es damals auch *Überwindet eure Lethargie, es geht um unsere Zukunft!* Da ging man zu den Arbeitern in den Betrieben und nicht in die Universität. Die haben sich nicht vorgestellt, wie es theoretisch hätte sein können, die haben gesehen, wie sie real leben.

Und dann wurden die Spürhunde eingesetzt. Was hatten sich die Leute auch gedacht? Allesamt Konterrevolutionäre, das Pack. Wie in Peking 89, dachte Nadja.

- Was willst du denn machen?

Sie schaute ihn an.

Christopher klappte das Messer ein.

- Wir müssen schneller sein als die Faschisten, sagte er, schlauer als die Zeitung. Nichts ändert sich, Nadja, gar nichts.

Nach der Schicht in der Lagerhalle skypte Nadja wieder mit Clemens. Es war praktisch, da sie von der Werkhütte meistens direkt hinfahren konnte. In der Arbeit hatte Nadja ihre Ruhe. Die totale Abwesenheit von Ereignishaftem war angenehm, hier passierte wirklich nichts. Im Großen und Ganzen ging es einfach darum, unterschiedlich verpackte Waren zum Versand in unterschiedliche Regionen fertigzumachen. Jeder arbeitete vor sich hin, man kam sich nicht in die Quere und trank nach Feierabend ab und zu noch ein Bier auf dem Betonparkplatz nebenan.

- Ich bin gern in den Wäldern hier, sagte Nadja zu Clemens und hielt die Kamera so, dass er ihre neuesten Bilder sehen konnte. Man muss einfach nach der Natur zeichnen, weißt du, wo nichts ablenkt. Die Natur macht keine ästhetischen Fehler. Sobald wir es mit dem Bewusstsein zu tun haben, ist alles falsch. Bewusstsein und Wollen müssten so weit wie möglich eliminiert werden, damit es richtig wird, verstehst du?

- Mha, machte Clemens.

- Systemisch, sagte Nadja. Das findet man nur in der Natur. Also in allem, was nicht in deinem Kopf ist oder in meinem. Im Kopf. Kunst entsteht in der Auseinandersetzung mit der Natur.

- Und was ist mit Nine Eleven? fragte Clemens.

Da es vollkommen unmöglich war, das Ereignis in seiner ganzen Gewalt darzustellen, hatte Nadja die Kontraste einfach umgekehrt. Das Material veränderte sich entgegengesetzt der Farbe des Lichts, wie bei einem Fotonegativ.

All diese Bilder hatten so viel Macht, dass der Mensch gar nicht begreifen konnte, was passierte. Wie bei den Atomexplosionen in Hiroshima oder Fukushima, fand Nadja. Vom Menschen hergestellte visuelle Exzesse, die er rational nicht fassen konnte. Oder die parierenden Massen im Dritten Reich, zu Hunderttausenden den Hitlergruß zeigend. Eine Abbildung des ganzen ungeheuerlichen Wahnsinns, dass der Mensch im Grunde seines

Wesens ewig von der Macht angezogen bleiben würde. Kaum hatte man die Psychoanalyse, war man drin in der Massenmanipulation. Aber irgendwas musste man dem Menschen ja geben, als ewig nichts passiert war nach dem Zweiten Weltkrieg. Ende der 60er-Jahre dann hatten sich die Leute in aberwitzigen Orgien erst mal richtig selbst gereinigt. Alle Wünsche und Regeln weg, bloß keine Konformitäten, um so richtig leer und frei zu sein. So richtig am Nullpunkt. Total sie selbst, die Menschen, die sie sein wollten. Die Gesellschaft zerbrach in Millionen von Individuen. Und dann kam Thatcher.

Ein paar Tage später fuhr Nadja nach München. Mittlerweile war sie schon eine ganze Zeit nicht mehr dort gewesen, und als sie am frühen Abend den Münchner Omnibusbahnhof erreichte, fuhr sie aus der Haut.

Pauls Zimmer hatte sich nicht verändert. Sie setzte sich auf sein Sofa und strich mit der Hand über die Bücher, die aufgeschlagen herumlagen. Kleine Staubpartikel hingen in der Luft vor dem geöffneten Fenster, durch das die Straßengeräusche hereindrangen, wie Wellen, die gegen Felsen schlugen. Als er sich neben sie setzte, gab ihr Körper schlagartig nach. Alles in ihr wurde geradezu lächerlich weich.

- Was ist? fragte Paul und lachte.

- Findest du das nicht auch komisch? sagte Nadja.

- Ultrakomisch, sagte Paul.

Sie legte ihre Arme um ihn. Je älter er wurde, umso mehr hatte er was vom jungen Blixa Bargeld. Er hatte auch so ein Gesicht. Nicht wirklich das des jungen Blixa mit seinen Fischaugen und Drogenschrammen, aber eben auch so eine Visage. Ein Gesicht, von dem man nicht lassen konnte und das immer besser werden würde mit der Zeit.

- Was hast du da? fragte Nadja und legte ihren Finger neben die verkrustete Stelle an seinem Oberarm.

- Ach das. Das war mit dem Fahrrad.

Nadja sah ihn an.

- Es ist wirklich nicht schlimm.

- Du darfst so was nicht machen.

Paul lachte wieder.

- Versprich es mir.

Seine dunklen Haare waren länger geworden, über den Schläfen hatten sich kleine Geheimratsecken gebildet. Er war so ein schöner Mensch. Sie hatte es immer gewusst, aber jetzt konnte sie ihn richtig sehen.

- Es ist nicht schlimm, sagte er. Wirklich.

- Versprich es, sagte sie.

Er nickte, nahm ihr Gesicht in seine Hände und lehnte seine Stirn an ihre, wie es Ziegen manchmal tun.

Am Abend gingen sie auf die Geburtstagsfeier von Michael, der mit Paul in der gleichen Forschungsgruppe war. Er wohnte ein paar S-Bahnstationen weiter, hinter Laim, wo es eine richtige Siedlung gab, mit kleinen Gärten. Sie hielten vor einem Haus, das aussah wie die Miniatur einer Botschaft.

Ratlos stand Nadja davor.

- Sie wohnen dort zu fünft. Der Besitzer hat scheinbar so viele Immobilien, dass er das hier einfach an ein paar junge Leute vermietet hat. Ist doch eigentlich ganz gut, oder?

Um die Säulen am Eingang rankten Blumenkaskaden in Art-déco-Stil. Nadja wischte sich die Hände an der Strumpfhose ab. Sie waren schweißnass.

- Was ist mit dir?

- Nichts.

- Nur ein paar Drinks.

- Okay.

Paul stieg auf die Stufe vor der Haustür.

- Warte.

Paul drehte sich um.

- Sollen wir?

Nadja stellte sich neben ihn.

Das Haus war unglaublich geräumig und bestand aus zwei Etagen. Vom Flur im Erdgeschoss aus ging es durch einen Rundbogen direkt in die Küche und von dort aus weiter ins Wohnzimmer. Dort standen ein Sofa und eine Art Chaiselongue. An der Wand war ein riesiges Bücherregal, in dem auch Filme und Schallplatten untergebracht waren. Die gegenüberliegende Wandfront bestand praktisch aus einer einzigen Fensterscheibe, hinter der eine Terrasse lag, die in einen ausschweifenden Garten führte. Dort befand sich eine kleine runde Fläche, die noch dunkler war, als der Rest des Gartens.

- Na, alles klar? sagte Michael.

- Ist das da ein Teich? fragte Nadja.

Sie zeigte ins Dunkel.

- Ja, aber wir wissen noch nicht, wie man das macht.

- Ja.

- Wenn du was trinken willst, ist alles da hinten.

Er zeigte auf die Bar neben dem Buffet, auf dem orientalische Speisen arrangiert waren.

Nadja stülpte ihren Ärmel über den Daumen und wischte den Fleck weg, den ihr Finger auf der Glastür hinterlassen hatte. Sie holte sich ein Bier, bevor sie Paul in einer kleinen Gruppe auf dem Sofa wiederfand, gegen das sich eine große Frau mit einem sehr slawischen Gesicht lehnte. Alles an ihrem Gesicht war fein geschnitten, nur die Augenbrauen waren üppig und so dunkel wie ihre Augen. Sie war nicht geschminkt, trug aber einen sehr roten Lippenstift, der ihren Mund aus dem blassen Gesicht herausstechen ließ.

- Das ist doch alles Quatsch. Die Menschen müssen sich verkaufen, um zu überleben, das ist doch überall so.

Wortlos stellte sich Nadja dazu und versuchte herauszufinden, worum es ging. Scheinbar hatte es was mit Ausbeutung zu tun. Sie dachte daran, was Le Guin über den Amerikanischen Bürgerkrieg gesagt hatte. Dass er letzten Endes zur Aufrechterhaltung der Sklaverei beigetragen hatte. Schließlich war es doch immer so, dass Sklavenhaltern gehorcht wird. Sklavenhalter wurden nicht getötet. Es behaupteten zwar alle, die Freiheit zu wollen, aber in Wirklichkeit ertrugen sie auch weiterhin die Unterdrückung, weil sie Teil einer Gesellschaftsordnung waren, die ihnen nicht die Möglichkeit gab, sich vorzustellen, dass sie veränderbar wäre.

Die Frau hatte sich neben Paul auf das Sofa gesetzt. Nadja hatte zu lange nachgedacht, das Thema war längst abgehakt. Stattdessen sprach man jetzt über Akzelerationismus.

- Was ist das? fragte Nadja.

Die Frau leckte mit der Zunge ein Stück des auf ihren Lippen hängengebliebenen Zigarettenpapiers weg.

- Nick Land? fragte sie zurück.

Nadja schüttelte den Kopf und stand auf.

- Ich wollte dich nicht ... sagte die Frau und rieb sich mit dem Finger den Kieferknochen. Sie bemitleidete Menschen, die offensichtlich nicht auf der Höhe der Zeit waren.

- Hast du nicht. Wo kann ich denn mal?

- Ich zeigs dir, sagte Michael.

Sie gingen an der Haustür vorbei eine Treppe nach oben.

- Hier schlafen wir, sagte er und zeigte auf die Türen, die den Flur entlang angeordnet waren. Dann schob er die Tür zum Badezimmer auf.

- Danke, sagte Nadja.

Er lächelte nicht und streifte ihre Schulter, als er an ihr vorbeiging.

Im Badezimmer stützte sich Nadja aufs Waschbecken und ließ kaltes Wasser über ihre Handgelenke laufen. Auf dem Fensterbrett stand eine Büste von Lenin. Nadja klappte den Klodeckel herunter und setzte sich darauf. An der Dachschräge über der Badewanne hing ein ziemlich schlecht aufgelöster DIN-A3-Ausdruck von Hieronymus Boschs Garten der Lüste. Sie dachte an Mariam und ihre planetarischen Einöden, die aus mit Computerprogrammen hergestellten Versatzstücken bestanden, welche sie im Anschluss auf Glasfaserleinwänden entwickelte, die sie mit Acryl bemalte. Mariam verzichtete einfach direkt auf den

Fehler. Sie entwarf keine intellektuellen Nicht-Orte, sondern die Erweiterung eines schwelenden Unterbewusstseins, das allen gehörte. In ihren Arbeiten entkoppelte sie die Dinge von ihren Konstellationen, sodass sie auf diese Weise verständlicher waren, als wenn sie einen einfach umgaben. Im Gegensatz zu ihr hatte sich Nadja immer an eher klassischen Malern orientiert, die im modernen Kunstbetrieb nicht mehr ganz so en vogue waren wie zum Beispiel Richard Schmid. Das war ein realistischer Maler aus Illinois und der Meister der Formen. Sie mochte vor allem das Bild mit dem Baum vor einem Haus, hinter dem sich eine Art Scheune erstreckte. Die Fläche, an der sich die Senkrechte des Baums mit der Waagerechten der Hausmauer schnitt, bildete das ganze Thema des Bilds. Von da aus hatte man Formen, wurde der Rhythmus ganz klar. Die Dunkelheit des Baums zusammengebracht mit dem Himmel war wieder als Fläche aufgetragen. Dazu noch die Kanten und der Helligkeitswert. Das waren die einzigen Dinge, die in einem Gemälde zählten. Alles andere gehörte nicht zum Bereich der Malerei. Seit sie begonnen hatte, im Negativ zu arbeiten, hatte sie verstanden, dass man genau das beherrschen musste. Dass das alle Regeln waren, die man brauchte.

Es klopfte an der Tür.

- Ja, sagte Nadja, klebte ihr Zeichen neben das Klo und schloss die Tür auf, hinter der sich eine kleine Schlange gebildet hatte.

Unten war das Gelage in vollem Gange. Von der Treppe aus wirkte die Szene, als würde bald etwas geschehen, das von einem anderen Ort aus beobachtet wurde, wo ebenfalls Menschen saßen, die gebannt auf einen Bildschirm starrten. Nadja sah zwei junge Männer, die durch dünne Wollfäden in beiden Händen miteinander verbunden waren. Die Frau von vorhin kniete vor ihnen auf dem Boden und sah sie mit leeren Augen an. Von hier oben fiel erst auf, dass alle Anwesenden helle Klamotten trugen, Beigetöne, Cremeweiß, Rosé. Vor dem großen dunklen Garten sahen sie aus wie kleine Blumen und wenn man an ihnen vorbei zur Wasserstelle auf dem dunkelblauen Rasen blickte, war es, als würde etwas Unheilvolles herandringen, das sie in nicht allzu ferner Zukunft alle betreffen würde, und das auch dann noch an Nadja haften blieb, als sie an Pauls Rücken wach lag und seine schlafende Hand fest in der ihren hielt.

Am nächsten Tag fuhr sie zum Abendessen zu den Eltern. Obwohl das ständige Herumfahren an den Wochenenden sie ermüdete, mochte sie den Moment, in dem die Stadt langsam in Natur überging, in vorbeiziehende Flächen von Wald und Feld. Die Zeitungen berichteten vom NSU-Prozess im Münchner Oberlandesgericht, der in eine weitere stumpfe Runde perfiden Vor-sich-Hindümpelns ging. Während es immer unverständlicher blieb, wie der Verfassungsschutz nichts mitbekommen haben konnte, ermittelte er in Leipzig zunehmend gegen die linke Szene. Ausschreitungen, Zerstörungen von AfD-Ständen, Randale am Bahnhof, Angriff auf ein Sonnenstudio, Angriffe auf die Deutsche Bank. Wer waren diese Leute, diese Linken? wurde gefragt. Gab es etwa bald eine neue RAF?

Nadja fasste sich an den Kopf. Was war nur los mit den Leuten, dachte sie.

Als Marek nach Deutschland gekommen war, hatte er monatelang Paprikas gewaschen und eine Schachtel Reval ohne Filter am Tag geraucht. Wenn sie heute auf das Flüchtlingsthema zu sprechen kamen, verließ er den Raum. Nadja konnte nicht ausmachen, ob er es tat, weil er dadurch auf eine unangenehme Weise an seine eigene Geschichte erinnert wurde oder ob er etwas gegen diese Leute hatte, die ins Land kamen und denen man nicht vertrauen konnte.

Beim Essen saß sie Valentin und seiner Freundin gegenüber. Die Freundin hieß Annabelle, arbeitete in demselben Unternehmen wie er und war der Typ Frau, bei dem die anderen Männer sagten: So eine musst du dir warmhalten, mit der hast du ausgesorgt. Zusammen sahen sie aus wie zwei junge Menschen auf einem Modeplakat.

- Ich kann mir vorstellen, sagte Marek, dass die Branche jetzt einen richtigen Aufschwung erfährt.

Es gab Karpfen in schwarzer Sauce und Kartoffelsalat mit Sellerie, Äpfeln und grünen Erbsen. Nadja sah den Fisch auf dem Teller an und musste daran denken, wie ihr Vater als kleiner Junge gelernt hatte, den Vogeltieren auf dem Hof in Ostrava den Kopf abzuschlagen. Er schlug ihnen den Kopf ab und musste anschließend dabei zusehen, wie sie noch einige Zeit kopflos über den Hof stolperten.

- Na ja, die Unternehmen verändern sich, sagte Annabelle. Leute wie wir werden mittlerweile überall gebraucht, weil es heute mehr denn je darum geht, eine allgemeine Ästhetik zu schaffen, die jeder versteht. Die Menschen an einem gemeinsamen Nenner abzuholen, sozusagen.

Marek nickte.

- Na ja, sagte Nadja.

Valentin legte das Messer am Tellerrand ab.

- Was? fragte er.

- Dieser Anspruch auf Einzigartigkeit überall, dabei macht man im Prinzip alle gleich. Kommt, ihr müsst doch zugeben, dass das ...

- Ich glaube, ich verstehe nicht ganz, sagte Annabelle und sah Nadja an wie jemanden, der keine Ahnung hatte.

Hatte sie vielleicht auch nicht.

- Das hat doch immer so funktioniert, sagte Nadja. Es wurde immer versucht herauszufinden, was die Leute wirklich wollen, Begierden wurden gemessen und ausgewertet. Heute gibt sowieso jeder alles freiwillig preis. Ich meine, wir kippen wirklich alles in den großen Sumpf des Internets. Unsere Wünsche, unseren Hass und unsere Meinungen. Unsere Motivationen, Prägungen und Verzweiflungen sind die Statistiken, an denen ihr dann ablesen könnt, warum wir sind, wie wir sind und wer wir sein wollen. Da ist doch nichts Magisches daran.

Ihr Vater trank sein Glas aus und schenkte sich ein neues ein.

- Und du bist an der Kunstakademie? fragte Annabelle.

Offensichtlich ging es hier nicht weiter.

- An der HGB, ja. In Leipzig.

- Die ist ja sehr renommiert. Einige Kollegen von mir waren auch da. Auf was hast du dich spezialisiert?

- Malerei, sagte Nadja.

- Schön, sagte Annabelle.

- Nicht wahr, sagte Marek.

- Ja, sagte sie.

Nadja sammelte die Teller ein und ging in die Küche, in der ihre Mutter stand und den Herd anstarrte.

- Alles ok? fragte Nadja.

Sie bewegte sich nicht.

Als Nadja ihren Arm berührte, gelangte ihr Blick zurück in die Gegenwart.

- Aber ja ... Sie fasste sich an den Kopf. Ich hatte nur diesen Traum, sagte sie, ohne den Blick von Nadja abzuwenden. Ich schaue aus dem Fenster, es ist ein ganz normaler Tag. Und dann, sagte sie, verdunkelt sich plötzlich der Himmel und es ist, als würde man einfach den Ton ausdrehen. Zuerst denke ich, es würde vielleicht anfangen zu regnen. Aber dann, sagte sie, und sah dabei so aus, als wäre ihr der Ausgang der Geschichte im Grunde selbst egal, Bienen, Nadja, unzählige Bienen, die den ganzen Himmel schwarz machen. Jedes Mal schließe ich in letzter Sekunde das Fenster, und wenn sie dagegenfliegen – dieses Geräusch. Am Ende sterben sie alle. Und das Fenster ist voller Blut.

Nadja legte ihren Arm um sie und stellte die Teller in die Spülmaschine. Schon früher hatte ihr Mutter regelmäßig solche Träume gehabt, die sie den ganzen Tag lang paralysiert zurückgelassen hatten. Es hatte so unvermittelt begonnen wie der erste Schneesturm des Winters damals, der die ganze Region aus dem Gleichgewicht gebracht und die Verkehrsmittel lahmgelegt hatte. Von da an hatte Marek sie immer wieder zu einem Neurologen gefahren. Man machte Tests, beobachtete sie beim Schlafen, verabreichte ihr Medikamente, machte weitere Tests. Sie blieben ergebnislos. Die Ärzte sagten, es könnten Reaktionen auf großen

Stress sein, was für sie jedoch keinen Sinn ergab. Immer wieder sagte sie, dass sie vollkommen zufrieden sei mit ihrem Leben und dass es nichts gab, was sie in Unruhe versetzte. Es wäre nur so, hatte sie damals erzählt, in etwa so wie manche Menschen sagen, dass es ist, kurz bevor sie sterben. Wie mit dieser Kiste, hatte sie gesagt, oder einer Tür, man öffnet sie und wenn es ganz hell wird, dann wache ich auf.

Nadja schnürte den Müllsack zusammen und brachte ihn in die Tonne vor dem Haus. Die Luft war kalt und herbstlich. Sie mochte es, wenn es so war. Alle Gedanken waren dann ganz klar. Noch nie hatte sie die ganze Aufregung um den Sommer verstanden, der immer der heißeste Sommer des Jahres war, der heißeste Sommer seit Anbeginn der Aufzeichnungen.

Marek kam mit dem Biomüll in der Hand nach draußen und warf ihn ebenfalls in die Tonne. Sie standen nebeneinander, und blickten auf die gegenüberliegende Seite der Straße.

- Na.

Er schaute.

Seine Schultern zuckten leicht.

Zuerst kaum merklich, dann brach es aus ihm heraus.

Er lachte.

Er lachte so sehr, dass sein ganzer Körper bebte.

- Was ist? sagte Nadja.

Es hörte gar nicht mehr auf. Er schüttelte den Kopf und machte mit der Hand eine Geste, Tränen stiegen ihm in die Augen, so sehr lachte er.

- Was ist denn? sagte Nadja, und musste auch lachen.

- Ah, machte ihr Vater und wischte sich die Tränen aus den Augenwinkeln, ah, Nadja. Er atmete tief durch.

So standen sie noch eine Weile und beobachteten ihren dampfenden Atem in der klaren Luft.

In Leipzig war der Herbst bereits eisig geworden. Die Luft war schneidend und immer feucht, wie tropischer Nieselregen bei minus 10 Grad.

- Das ist dort vollkommen normal im Winter, sagte Mariam und gab Nadja eine Schüssel Suppe. Hier, du musst was essen.

Während sie aßen, erzählte sie von der Region im Kaukasus, in der Teile ihrer Familie das ganze Jahr über lebten, obwohl es im Winter so kalt war, dass kaum jemand gern dort blieb.

- Es ist wie mit allem, weißt du, sagte sie und reichte Nadja eine Tasse frischen Mokka. Die Menschen haben dort keine andere Einstellung, weil sie weiser sind oder erhabener. Sie kennen es nur nicht anders. Und jedes Jahr kommen andere Gruppen von Reportern oder Fotografen, die dann sagen, wie besonders das Leben da oben ist, wie mystisch und transzendental.

Sie hob die Tasse.

- Trink langsam, sagte sie. Und außerdem ist der Nationalstolz der Einwohner dort auch nicht besser als irgendwo sonst.

Dann unterbrach sie ihre Ausführung und konzentrierte sich ganz auf den süßlich-herben Geschmack des Mokkas. Ihre Augen weiteten sich und als sie ihre Tasse ausgetrunken und die Untertasse umgedreht auf die Öffnung ihrer Tasse gestülpt hatte, wurden sie kurz ganz schmal, bevor sie Nadja mit wachem Blick ansah und ihr bedeutete, es genauso zu machen.

- Und jetzt musst du es kurz so lassen, so kopfüber.

Nadja tat es ihr gleich. Eine kurze Zeit verging, in der sie einfach so saßen.

- Jetzt hochheben.

Nadja hob ihre Tasse nach oben, und konnte nichts erkennen.

- Was hast du? fragte Mariam.

- Ich weiß nicht, sagte Nadja und hielt ihr Kinn zwischen Daumen und Zeigefinger. Was meinst du?

Beide besahen sie gegenseitig die schlierigen Muster auf den Untertassen.

- Deins sieht aus wie ein Fluss, sagte Nadja.

- Und deins wie ein Dreieck. Aber es ist ein bisschen verbogen.

- Ja. Mariam lachte. Das ist komisch, sagte sie. Vom Dreieck sagt man, es kann gut sein oder schlecht. Wenn es nach oben oder unten zeigt. Aber das hier ist seitlich. Wenn man es dreht, verändert man also die Aussage.

- Und der Fluss? fragte Nadja.

- Contenance, sagte Mariam.

- Okay, sagte Nadja und wartete.

- Nein, nein, sagte Mariam und lachte. Du musst Contenance haben. Dafür steht der Fluss, das bedeutet er.

In den nächsten Wochen hatten sich die Ausschreitungen im Osten zunehmend gehäuft. Es ist schon ärgerlich mit dieser linken Szene, schimpften die Leute. Ständig verschandeln diese Typen die Stadt.

Fortan trafen sie sich nicht mehr alle zusammen in der Werkhütte, arbeiteten in Schichten und mussten vorsichtiger sein, wenn sie nachts unterwegs waren.

- Wir hätten uns echt was anderes überlegen sollen, sagte Christopher.

Mit der großen Kiste in der Hand sah er komisch aus beim Laufen.

- Die anderen haben doch schon vorgearbeitet, sagte Nadja, und ging gebückt neben ihm her, bis sie sich samt dem gigantischen Rucksack auf ihrem Rücken endlich zu den anderen Taschen und Kisten auf den Boden fallen ließ.

Christopher wischte sich die Stirn und stützte die Hände in die Hüften. Die anderen hatten wirklich gute Arbeit geleistet. Ungefähr einhundert Mehlpackungen hatten sie schon aufgebaut.

- Komm, wir sollten schnell machen.

Wie am Fließband griffen sie eine Packung nach der anderen und schichteten sie so auf die schon vorhandenen.

- Wer ist dann morgen vor Ort?

- Die Begehung ist um halb zehn.

Gemeinsam standen sie vor dem großen Kubus.

- Das gibt eine ganz schöne Staubwolke.

Ein Auto hielt hinter ihnen. Nadja sah Christopher an. Er fasste ihre Hand und zog sie hinter sich her. Die Tür flog auf.

- Kann ich euch mitnehmen?

Mariam ließ ihren Arm aus dem Fenster und klopfte mit der Hand von außen an die Karre.

- Wo hast du den denn her? fragte Christopher und zeigte grinsend auf das Auto.

- Steigt ein.

Sie fuhren. Überall waren kleine Gruppen unterwegs.

- Die haben schon wieder Unterkünfte angezündet.

Als sie Richtung Süden kamen, fuhren sie an einem brennenden Container vorbei.

- Was ist das?

- Keine Ahnung.

Mariam blickte in den Rückspiegel.

- Also, sagte Christopher. Ich bin dann morgen um drei vor Ort. Er stand neben dem Wagen.

- Warte, sagte Mariam. Das ist nicht gut.

- Ach ja?

Christopher zog die Augenbrauen nach oben.

- Nein. Wir sind lieber ruhig morgen am Vormittag. Wir machen nichts.

Christopher stützte sich am Autodach ab, sah Nadja an und schüttelte den Kopf.

- Morgen um drei, sagte Mariam.

- Also dann, sagte Christopher und schlug die Wagentür zu.

Als Nadja aus dem Bad kam, saß Mariam in der Küche und rauchte. Auf dem Tisch standen zwei Tassen.

- Was ist los mit euch? fragte Nadja.

- Wieso?

Nadja legte den Kopf schief.

Mariam zog die Augenbrauen nach oben.

- Wie soll ich das sagen. Christopher ist einfach ... Leute wie er sprayen ACAB an die Wände und wissen nicht, dass das die Hooligans und Neonazis auch machen. Das sind dann die, warum es nicht funktioniert.

Nadja verbrannte sich die Lippen. Der Tee war brühend heiß.

- Fuck, sagte sie.

- Man muss sehr aufpassen. Mariam drückte die Zigarette aus. Du musst ganz genau hinsehen. Sonst stehst du irgendwann auf der anderen Seite.

Kurz bevor Nadja die Wohnung verließ, saß Mariam mit geschlossenen Augen da. Obwohl nur ein bisschen Spannung aus ihr gewichen war, sah ihr ganzes Wesen plötzlich verändert aus. Sie sah aus wie ein Kind, und die Hände im Schoß gefaltet, war es, als würde sie beten. Das blaue Oberteil hing lose über ihren Bauch und gab eine Stelle Haut frei, die sich elastisch über die Wölbung spannte. Niemand würde sie je ganz kennen. Dafür würde sie sorgen. Es machte sie einsam, aber so war es eben. Es ging schließlich um die Sache. Und dafür hatten Menschen schon Schlimmeres mitgemacht.

Als Nadja mit dem Fuß gegen einen Eimer stieß, sah sie schnell zurück auf Mariams Gesicht, das unverändert blieb, außer einem kurzen Zucken ihres Mundes, als sie die Wangen nach innen sog und ihre Lippen sich kurz öffneten und wieder schlossen.

Draußen war es diesig, die Straßen waren ruhig und leer. Nadja lief durch den Clara Park nach Hause. Ein paar Krähen flogen am Himmel, ansonsten war alles vollkommen still.

Als sie am nächsten Tag die Werkhütte erreichte, war die Stimmung angespannt. Schon in der Demmeringstraße war sie an den kaputten Scheiben des Böhme-Büros vorbeigefahren. Auf dem Weg durch die Südvorstadt wimmelte es von Menschenansammlungen, dutzende Mannschaftswagen standen herum. Vereinzelt stieg Rauch empor, unter den Reifen ihres Fahrrads knirschte kaputtes Glas.

- Unrat, sagte Christopher und spuckte auf den Boden. Die sind bald da.

- Jetzt behalt mal die Nerven.

Mariam blickte kurz in Nadjas Richtung.

- Psst, sagte Christopher und winkte Nadja zu sich herüber. Schau, sagte er und hielt ihr sein Telefon vors Gesicht.

- Was hast du da?

Mariam stand plötzlich hinter ihnen und riss ihm das Gerät aus der Hand.

- Seid ihr bescheuert? Es war abgemacht, dass wir doch nicht zünden. Seht ihr nicht, was da draußen los ist?

- Was machst du?

Christopher rannte hinter Mariam her, die das Handy nicht aus der Hand gab.

- Ich lösche die Aufnahmen. Habt ihr gehört? Wenn das noch einer von euch hat, müsst ihr das jetzt löschen.

Wieder schüttelte Christopher den Kopf, spuckte auf den Boden und ging nach draußen.

Mariam ließ sich in die Hocke fallen und stützte ihre Stirn auf die Fäuste.

- Das ist es, sagte sie. Genau das.

Von draußen hörte man Gebrüll, Durchsagen ertönten auf der Straße und mischten sich unter die Parolen.

Mariam hielt Nadjas Hand fest.

- Du musst immer ganz genau hinsehen, sagte sie, verstehst du. Es ist niemals offensichtlich. Du musst dich positionieren.

Nadja zog sie auf die Beine und öffnete die Tür.

Draußen waren überall Menschen. Die Beamten hatten sich unter die Massen gemischt, vereinzelt wurde losgeknüppelt.

Von irgendwo gab es einen Knall, die Rufe wurden lauter, ein Pfeifen ging durch die Luft. Auf einmal brannten ihre Augen wie verrückt.

- Mariam! schrie Nadja. Christopher!

Sie konnte nichts sehen. Irgendwo hinter ihr hörte sie Mariam rufen.

Obwohl es nur ein paar Meter waren, schienen Hunderte von Menschen zwischen ihnen zu sein. Wieder explodierte etwas, dann brach gelber Nebel über sie hinweg. Drüben standen die Nazis. Auch sie schauten jetzt in diesen Nebel.

Nadja streckte ihre Arme nach hinten aus, jemand schlug ihr in den Rücken, sodass sie zu Boden fiel. Überall waren Beine, aus ihrer Nase blutete es. Jemand zog sie nach oben. Es war der schweigsame Junge aus der Werkhütte. Er hielt einen Arm um sie, und blockte mit dem anderen die Ellenbogen der anderen. Erneut pfiff es, dann färbte sich der Nebel rot.

Plötzlich sah sie Christopher wenige Meter vor sich. Er hatte ein kurzes Stück Holz in der Hand, das durch die schwelende Luft hindurch schnellte.

Immer noch konnte Nadja Mariam nirgends sehen.

- Wir müssen sofort hier verschwinden, sagte der Junge und nickte Christopher zu, der jetzt ebenfalls bei ihnen war.

- Wir müssen sie finden, schrie Nadja ihn an.

- Wir müssen weg hier, schrie Christopher zurück und packte sie am Arm. Je mehr sie versuchte, sich aus seinem Griff zu lösen, desto fester drückte er zu.

- Jetzt mach einfach mit, schrie er.

Nadja zog den Rotz in den Rachen und spuckte ihm ins Gesicht. Als sie sich wieder umdrehte, fand sie Mariam endlich. Ihre Arme waren auf den Rücken gedreht, während ein uniformierter Mann ihren Kopf an den Haaren nach hinten riss.

- Gib mir das Holz, schrie Nadja in Christophers Richtung, dessen ganzer Körper wie versteinert war. Kurze Momente starrte er einfach in die Menge, als sähe er Tote. Sie fasste in seine Jackentasche und griff nach dem Holzteil. Sie schauten sich an, Steine flogen an ihren Köpfen vorbei in die umliegenden Fensterscheiben.

- Macht schon, rief jetzt auch der schweigsame Junge und schlug mit den bloßen Fäusten in die tretende Menge.

Bevor sie losrennen konnte, packte Christopher Nadja erneut am Handgelenk und riss ihr das Beil aus der Hand.

- Du scheiß Arschloch, schrie Nadja und schlug mit der freien Hand auf ihn ein. Christopher krallte seine Finger fester in ihren Arm und stieß sie hinter sich.

- Hau endlich ab, schrie er zurück, und Nadja rannte los, in die Richtung, in der sie Mariam zum letzten Mal gesehen hatte.

III

Auf dem Weg zur HGB standen die Häuserreihen ganz ruhig, vereinzelt hingen Lichterketten in den Fenstern. Es war noch dunkel, als Nadja den Arbeitsraum erreichte. Sie bereitete ihren Platz vor und setzte sich mit geschlossenen Augen vor die Leinwand.

- Hallo, sagte wer.

Als sie die Augen öffnete, sah sie, dass es Christopher war. Geräuschvoll machte er sich ebenfalls an seinem Arbeitsplatz zu schaffen. Nadja stützte den Kopf in die Hände. Wieso musste er so laut sein, dachte sie. Was wollte er hier überhaupt, es war noch viel zu früh.

- Das erklärt einiges, sagte er.

- Was? sagte Nadja und bemühte sich um keine Wertung in ihrem Gesicht.

- Dass du so früh da bist, sagte er und lachte, als sei sie ein bisschen blöd.

Er habe sie selten hier gesehen, aber morgens sei er eben auch fast nie hier.

- Menschen, sagte Nadja, und Christopher sah sie an, als wollte er sagen: Und weiter?

- Das liegt daran, dass ich unter Menschen nicht mehr arbeiten kann, sagte sie, und senkte den Blick wieder.

Christopher hob die Hände.

- Kein Problem, sagte er, ich brauch sowieso erst mal einen Kaffee.

Als seine Schritte im Gang leiser wurden, schloss Nadja die Tür und dann wieder die Augen und dachte an die Kathedrale von Kupka, die ihr Vater mehrmals zu kopieren versucht hatte.

Obwohl das Ergebnis jedes Mal anders ausgefallen war, hatten die Bilder gerade durch das Serielle eine Energie erzeugt, die Wut darüber, dass es nicht aus ihm selbst gekommen war. Nadjas Negativ-Serie hatte mittlerweile einen Umfang von etwa zwölf Bildern angenommen. Es waren hauptsächlich Orte von Rückständen, Auswirkungen von Gewalt. Luxusappartements, Reste von Ausschreitungen, Fitnessstudios und Reisebüros, ein Porträt des Anwalts Wolfgang Stahl, Paprika und filterlose Reval.

- Sorry, sagte Christopher, da bin ich wieder.

Nadjas Telefon läutete. Auf dem Bildschirm erschien eine Nachricht von Paul. Nadja drückte auf das rote Telefon und verstaute das Gerät wieder in ihrer Tasche.

- Ist ganz gut, sagte Christopher und zeigte auf ihre Bilder.

- Was ist das? fragte er.

- Das falsche Leben, sagte Nadja und zog ihren Mantel an.

- Das kommt gut, sagte Christopher. Damit kannst du Kohle machen.

Er lachte.

Seit sie Mariam ausgewiesen hatten, konnte Nadja nicht arbeiten. Das Haus war geräumt worden, die Werkhütte geschlossen. Sie hatte keine Ahnung, wo Mariam jetzt war und wie es ihr ging.

Zu Hause breitete Nadja sich auf dem Boden aus und schloss die Augen. Von einer schlagartigen Müdigkeit übermannt, drehte sie sich auf den Rücken und schlief sofort ein. Als sie später von einem riesigen Hunger erwachte, kippte sie eine Packung Tiefkühlgemüse in den Kochtopf, die das Einzige war, das sie noch zu Hause hatte.

Nadja schaute nach, ob sie eine Nachricht von Clemens erhalten hatte. *Komm doch später mit, wir sind im NBL,* hatte Christopher geschrieben. Nadja schaute noch mal nach, ob sie etwas übersehen hatte. Es kam nie vor, dass Clemens nicht antwortete, niemand antwortete zuverlässiger als Clemens, und wenn er nicht sofort antwortete, dann doch innerhalb der nächsten zwei, drei Stunden, aber es war nichts da, kein Zeichen von ihm. Sie tippte *Geht es dir gut* in ihr Telefon, schaufelte das angebrannte Gemüse in sich hinein und wurde erst ruhiger, als Christopher ihr später im NBL einen Whisky hinstellte. Er kam mit zwei Zigaretten von der Bar zurück, zündete sich eine an und reichte Nadja die andere. Nadja schüttelte den Kopf.

- Ich rauche nicht, sagte sie.

Christopher zuckte die Achseln, zündete sich eine der beiden Zigaretten an und steckte die andere hinter sein Ohr.

Ein paar andere setzten sich zu ihnen, und Nadja merkte, wie sie dumm vor sich hinlächelte, dumm vom Whisky in ihrem Kopf und die Übereinkünfte der Menschen in diesem Raum, die alle unglaublich interessante Sachen machten. Sie beobachtete die langen muskulösen Beine des Mädchens neben ihr, die in orangefarbenen dicken Strumpfhosen steckten, über denen sie einen langen blauen Pullover trug. Es war schon ziemlich frivol, wie sie da herumturnte und jedem mal den Arm um die Schulter legte oder sonst wie beiläufig anfasste. Dazwischen drehte sie am laufenden Band dünne Zigaretten, die sie in eine kleine silberne Metalldose steckte. Seit wann gab es diese Dinger denn wieder? Um sich zu konzentrieren, schaute Nadja auf ihre eigenen, in eine alte Stoffhose gepackten Beine, deren Umfang sich über die Jahre hinweg verändert hatte und an denen sie regelmäßig blaue Flecken fand, wie man einen Sprung in einer Tasse bemerkt und sich fragt, seit wann er da ist. Das Mädchen schüttete Nadja von dem klaren Getränk nach.

- Berliner Luft, sagte sie.

Das ist also Berliner Luft, dachte Nadja. So toll war es auch nicht. Die Ohrringe des Mädchens hingen für ein paar Sekunden vor Nadjas Gesicht. Nadja stellte sich eine Katze vor, die an diesen Ohrringen herumspielte und mit der das Mädchen schon mehrmals umgezogen war, in unterschiedliche Städte. Dass sie keinen Menschen ertragen würde, der morgens neben ihr aufwachte, aber diese, an ihren Ohrringen spielende Katze, um die sie irgendwann sehr weinen würde. Vielleicht würde sie dann wieder die Stadt wechseln. Vielleicht würde sie dableiben und einen Job anfangen und keine orangenen Strumpfhosen mehr tragen, weil sie sich plötzlich unsicher fühlen würde ohne diese Katze. Vielleicht würde sie sich einen Menschen in die Wohnung holen oder eine neue Katze und dann feststellen, dass weder der Mensch noch die Katze das Gleiche wären und sich fragen, ob es das war im Leben.

Sie sah Nadja an.

- Und du bist also eine Freundin von Christopher?

- Na ja, gleiche Klasse, du weißt.

- Ja klar, sagte das Mädchen und stieß den Rauch in einem langen dünnen Strahl Richtung Decke.

Dabei schaute sie richtig niedlich, wie sie so cool und verstohlen den Rauch auspustete und ihre Locken immer ein bisschen nachwippten. Nadja erfuhr, dass sie Grafik machte und das hier unglaublich gut ging. Eigentlich kam sie aus Köln und Köln wäre auch wirklich eine tolle Stadt, und da war sie mit einem Galeristen zusammen gewesen und hatte dann dieses Ding mit einem anderen begonnen und einer Frau, die mit dem anderen irgendwie in einer Beziehung war, so genau hatte Nadja es nicht verstanden. Auf jeden Fall wäre Leipzig einfach unschlagbar und sie wollte nie wieder von hier weg. Ihre Hand lag jetzt ganz nah an Nadjas Hintern. Nicht so richtig ganz auf ihrem Hintern, aber gerade so hinter ihr auf der Bank, dass er quasi in ihre Hand hineingleiten könnte, wenn sie ein wenig nach hinten rutschen würde.

Die Leute waren alle sehr offen. Christopher schien jeden zu kennen. Zumindest redete er mit allen. Zwischendrin lächelte er Nadja über den Tisch hinweg an. Das Mädchen fragte sie, ob sie mal ziehen wollte. Nadja sagte, dass sie nicht rauchen würde. Sie hatte sich so an diese Antwort gewöhnt, dass sie zu spät gemerkt hatte, dass das Mädchen Haschisch rauchte. Jetzt konnte sie auch nicht mehr einfach *Doch* sagen, das wäre zu peinlich gewesen. So von wegen *Also eigentlich nehme ich keine Drogen, aber, Hihi, du bist so süß, gib schon her.* Stattdessen wurde ihr auf einmal wirklich sehr schwindelig, und sie beschloss, an die Luft zu gehen, wo es gleich viel besser war. Nur betrunken war sie plötzlich auch viel mehr.

- Wolltest du dich nicht verabschieden? fragte das Mädchen, das in der Dunkelheit noch viel mehr leuchtete als in dieser verrauchten Bar.

- Wollte nur kurz raus, sagte Nadja und hoffte, dass man ihr nicht ansehen konnte, wie betrunken sie war.

Das Mädchen lehnte sich neben Nadja an die Wand.

- Gehen wir ein bisschen? fragte sie. Nadja nickte.

Am Kanal war es still und schön. So eine kalte, ruhige Stille, nur hier und da ein paar leise Geräusche von kleinen Grüppchen, die vollkommen unaufgeregt miteinander sprachen. Das war Nadja direkt aufgefallen, dass hier alle so unaufgeregt waren. Als wäre sich jeder seiner Sache extrem sicher.

Sie setzten sich auf eine Stufe.

- Du bist schön, sagte das Mädchen.

Schrill lachte Nadja auf. Was sagte sie da? Das war ihr jetzt doch alles ziemlich unangenehm. Das Mädchen ließ den Kopf zwischen die Beine sinken, wie jemand, der mal kurz Pause brauchte. Zwischen ihren nach vorne fallenden Locken konnte Nadja eine kleine kantige Auswölbung unterhalb ihres Nackens erkennen. Was war das? Vielleicht war Nadja auch einfach zu betrunken. Immer wieder schielte sie auf die gleiche Stelle. Hatte sie einen Port? Nach kurzem Zögern fasste Nadja es einfach an. Es war eine sehr schmale kantige Buchse. In der gleichen Position verharrend, drehte das Mädchen ihr Gesicht in Nadjas Richtung.

- Oh, sagte Nadja.

- Nichts passiert, sagte das Mädchen.

- Bist du ... Bist du krank?

- Was?

Das Mädchen lachte.

- Ich meine, du hast da ...

Um ihr ein Zeichen zu geben, deutete Nadja mit der Hand auf ihren eigenen Nacken.

- Das ist mein USB-Kanal.

Das Mädchen zog ihr T-Shirt nach oben. Eigentlich hätte sie auch einfach den Kragen nach unten ziehen können, stattdessen zog sie einfach das ganze T-Shirt nach oben, unter dem sie keinen BH trug. Es war doch eiskalt hier draußen. Ihr Rücken war schmal und voller kleiner Sommersprossen. Nadja schloss die Augen. Sie musste wirklich wahnsinnig betrunken sein. Als sie die Augen wieder öffnete, war es immer noch da. Direkt im Muskelgewebe zwischen Wirbelsäule und Schulterblatt. Ein USB-Anschluss.

- Gut, oder? Das Mädchen lachte weiter. Kann man über Bluetooth steuern.

Nadja streckte ihre Hand aus und legte den Finger knapp unterhalb der Buchse auf dem Rücken des Mädchens ab. Ihr Brustkorb hob und senkte sich ein wenig schneller, und Nadja berührte ihre sehnigen Arme, die einen fester hielten, als sie es gedacht hätte, und später lagen sie im Schnee, in den das Mädchen sie ohne Vorwarnung geschubst hatte und in dem Nadja ihre feste Zunge fühlen konnte, die sie sich maronenbraun vorstellte, unter den kahlen Ästen der Bäume.

Ein paar Tage später skypte sie wieder mit Clemens.

- Es ist alles so ungeordnet, sagte Nadja. Nachts wache ich ständig auf und weiß genau, wie es geht, und tagsüber will davon nichts mehr übrig sein. Sobald ich den Arbeitsraum betrete, ist da einfach nichts mehr, völlige Ratlosigkeit.

Sie schenkte sich Wein nach und sah durch die Vorhangritze die Silhouette zweier Männer auf der gegenüberliegenden Seite des Hauses. Sie waren so frontal auf sie ausgerichtet, als würden sie zu ihr hinüberschauen. Schnell zog sie den Vorhang zu, stellte einen Stapel Bücher auf die Vorhangenden am Fensterbrett und setzte sich wieder vor den Laptop. Clemens lehnte sich in seinem Sessel zurück und hielt den Blick auf Nadja gerichtet. Sein hageres Gesicht wirkte noch eingefallener als sonst.

- Kosmische Kräfte, sagte Nadja und legte die Hände um ihren Kopf.

- Wieso gehst du nicht aus? fragte Clemens.

Nadja wusste langsam keine Ausreden mehr, um die Peinlichkeit zu umgehen, dass sie sich sicherer damit fühlte, abends vor dem Bildschirm ihres Laptops zu sitzen, anstatt in die Bars hineinzugehen, in denen alle irgendetwas wahnsinnig Tolles machten oder Cyborgs waren.

- Die Zugezogenen, sagte sie zu Clemens.

Dann holte sie sich erst mal noch ein Bier beim Späti an der Ecke, in dem Torsten schichtete, Torsten mit dem zahnlosen Lächeln, das Nadja immer in Behaglichkeit versetzte, wenn er seine Silberkette zurechtrückte, sobald sie durch die blinkende Schiebetür ins Innere trat.

- Heute noch Großes vor? fragte er, und bürstete sich wieder die Matte.

In der Bierkühlschrankscheibe konnte Nadja sehen, dass er sie meinte. Aus Verlegenheit hob sie die Hand und fühlte sich ein wenig schlecht, da ihr nichts einfallen wollte, was zu einer Konversation getaugt hätte.

- Also, bis dann, sagte sie.

- Schönen Abend, sagte Torsten und schaute wieder auf sein Telefon.

Nadja lief zur Wohnung zurück, in der immer noch ihr aufgeklappter Laptop stand, auf dessen Bildschirm Clemens auf sie wartete.

- Gefällt es dir nicht, sagte sie wenig später zu ihm und fuhr ihren Mund in dem kleinen Fenster auf dem Bildschirm nach, in dem Nadja sich selbst sehen konnte, während Clemens' Gesicht der ganze Monitor war.

- Ist, als hättest du Fleisch gegessen.

- Als hätte ich Fleisch gegessen oder als würdest du mir dabei zusehen, wie ich gerade Fleisch esse?

- Als hättest du gerade ein Fleisch erlegt, sagte Clemens, und wieder fuhr sich Nadja über die roten Lippen, diesmal in echt. Sie dachte an Marek, wie er so außer sich sein konnte beim Malen, dass man auf dem Boden, auf dem er kniete, manchmal die Abdrücke seines schwitzenden Körpers sehen konnte. Dadurch behielten die Bilder, die hübsch arrangiert an den Wänden der Galerien hingen, für Nadja immer etwas Abstoßendes. In den Stunden der Produktion war er so laut und ungelenk, dass es unverständlich schien, wie schlicht die Bilder waren, die dabei herauskamen.

- Auf jeden Fall, sagte Clemens jetzt, hat der Prager Frühling den Sozialismus in den Frontfiguren auch nie aufgegeben. Ich meine, solange es die realsozialistischen Staaten gab, waren die Gesellschaften und politischen Systeme im Westen immer ein bisschen unter Druck zu beweisen, dass der Sozialismus eben nicht besser ist und mehr Freiheit bietet, sondern dass nur sie das können. Und nachdem die Sozialstaaten und die DDR nicht mehr da waren, na ja, da gab es diesen Druck ja dann nicht mehr.

Er stand auf und setzte sich an den Tisch.

- Besser, oder? sagte er. Irgendwo hab ich hier noch so ein Bier. Aber warte, also. Den Leuten ist ihre Freiheit doch auch scheißegal geworden irgendwie. Es gibt ja eh keine Alternative oder Konkurrenz mehr. Wo jeder immer frei zu sein hat, gibt es keinen Platz für Anarchie.

Nadja sagte nichts. Eine plötzliche Scham überkam sie.

- Schau, sagte Clemens, wenn du heute Nein sagst, ist es zwar kein richtiger Widerstand mehr, aber immer noch irgendwie ein Akt der Freiheit. Da musst du nicht auf die Straße gehen. Schau dir die Schlendriane an, zum Beispiel die Zwangsarbeiter oder einfach Malocher damals in der DDR-Fabrik, die mit mehr oder weniger bewusstem Hintergrund beschissen gearbeitet haben. Da war Freiheit von der Arbeitsplatzverlustangst ja im Prinzip auch nichts anderes als Arbeitszwang und Systembeugung.

Nadja schwieg immer noch. Es war schon alles komisch heutzutage. Das ging einem schon fast richtig auf den Geist, wie die Leute alle brav auf die Straße gingen gegen ...

Gegen was eigentlich? Es würde sich heute zwar keiner mehr in Brand stecken, wie die Studenten damals gegen das Diktat der Sowjetunion, aber trotzdem wollte jeder ganz dringend den politischen Kampf antreten. Und wo wäre das besser als hier, in der Stadt des Volkes. In München, dachte Nadja, gäbe es das natürlich nicht. Da hielt man lieber brav die Füße unterm Tisch. Aber hier atmete sogar der Boden Freiheit, die Möglichkeiten waren grenzenlos. Es war schlichtweg alles möglich, sodass es Nadja nicht verwundert hätte, würde geradewegs der Krieg ausbrechen.

Am nächsten Morgen hing das Licht weich über den Dächern. Es waren unverbrauchte, isotonische Strahlen, die Nadja an die frühen Nebelschlieren des Böhmerwalds erinnerten und damit an eine Versöhnung, von der sie noch nicht begriffen hatte, wie sie funktionierte. Noch in den Wochen vor ihrem Umzug hatte sie versucht, das Licht zu verstehen, in die Schatten hineinzugehen, um dieses Licht zu fassen zu bekommen, das sich immer schon verändert hatte, wenn man sich seiner vergewisserte.

Vor der HGB trank sie einen Mate und musste an Pauls Zimmer denken, in dem es immer hell war, selbst in der Nacht. Sie kannte kein anderes Zimmer, das sich immerzu in derselben Helligkeit befand, die wie beiläufig war und dennoch anders als jedes Licht. Sie schaute auf ihr Telefon, auf dem sich keine Nachricht befand, und zog es, kurz nachdem sie es zurückgesteckt hatte, erneut heraus, um die Uhrzeit zu überprüfen. Eine Gruppe Menschen setzte sich neben sie. Sie trugen lange offene Mäntel über nach oben gerollten Hosenbeinen und hielten selbst gedrehte Zigaretten in der Hand, die sie jetzt rauchten, während sich die Wolken auf einmal vor die Sonne geschoben hatten, als Nadja nicht aufgepasst hatte und vielleicht alles Wesentliche verpasste, das sich sogleich ereignete, wenn sie kurz nicht bei der Sache war.

Schnell las sie die Schlagzeilen. Nach wie vor jagten sich die Menschen in die Luft. Zuerst der Anschlag auf *Charlie Hebdo* vor einem Jahr und nun explodierte beinahe wöchentlich irgendwo ein anderer Mensch und zog Dutzende mit sich in den Todesschlund. Bürgerkriege tobten, die arabische Welt stand immer noch in Flammen. Massaker und Völkermorde waren das Ergebnis des Kampfs gegen autoritäre Herrschaftssysteme im Nahen

Osten gewesen. Die Leute hatten ihre Heimat verloren, während hier nun Uneinigkeit herrschte, wer sich denn jetzt zu kümmern hatte. Aber darin waren die Deutschen ohnehin sehr gut, dachte Nadja. Selbstkritisch wurde alles problematisiert, heroisch in die Bresche gesprungen. Zum Jahreswechsel folgte dann das Köln-Debakel, das Massenvergewaltigungsgrab. Ein Durchatmemoment für den weißen Mann, endlich waren wieder die Algerier schuld. Und die Syrer. Und die Iraker. Ja gut, ein paar waren dann wohl doch auch von deutschem Lande dabei. Bis heute wand sich die Berichterstattung in nachträglichen Klarstellungen, aber Soko Neujahr hatte aufgerüstet und würde auch noch den letzten Grabscher zu fassen kriegen. Plötzlich wurde überall vergewaltigt. Hamburg, Bielefeld, Stuttgart, in Nordeuropa und in der Schweiz. Ja, der Mensch. Bestimmt wurde noch nie so viel vergewaltigt wie in dieser Nacht. Der Neujahrskater war böse für Deutschland.

Nadja schulterte ihre Tasche und lief zum Bahnhof.

Wie immer war sie viel zu früh dort. In ihrer Hand hielt sie den mit dem Restbestand Tinte ausgedruckten Beleg, auf dem sie den Identifikationscode mit schwarzem Fineliner nachgefahren war, in der Befürchtung, der Fahrer könnte den Ausdruck nicht mehr entziffern und würde ihr somit die Abreise verwehren. Wenige Minuten vor der Abfahrtszeit füllte sich die Wiese mit unterschiedlichen Gruppen. Als der Bus zum Stehen kam, umklammerte Nadja mit weißen Fingerknöcheln die Henkel ihrer Reisetasche. Obwohl sie kaum Klamotten zum Wechseln dabei hatte, war die Tasche wie immer zum Bersten gefüllt. Sie wollte einfach kein Geld für eine größere ausgeben. Eine, die danach aussah, dass man routiniert war im Reisen, dass man Business fuhr. So eine von denen, die zeigten, dass man es mit dem Zuhause nicht so nahm. Als Nadja in den Bus stieg, verdeckten die Wolken schon wieder die Sonne, die jeden Morgen trügerisch einen schönen Tag versprach und einen dann in eine schlagartige Wechselhaftigkeit entließ, mit der Nadja jedes Mal wieder nicht zurechtkam. Der Fahrer forderte stumm den Code und nahm ihn stirnrunzelnd zur Kenntnis. Dann versetzte die Kofferraumtüre den Bus in ein dumpfes Rucken. Einige Sekunden später hörte man noch das Pfeifen und Pochen des Mikrofons, und das Fahrzeug fuhr in ruckelnden Anfahrbewegungen am großen Bahnhofsgebäude vorbei aus der Stadt hinaus. Raus auf die langen Strecken Autobahn, die Nadja auf ihrem Zweierplatz liegend wie aus einem Unterwassertank wahrnahm, während ihre Augen vor Müdigkeit tränten.

Es war noch dunkel, als etwas durch sie hindurchfuhr und sie nicht wusste, wo sie war, gerade lange genug, um völlig die Orientierung zu verlieren. Die Straßenlaterne vor Pauls Fenster sah aus wie der Mond, den der Schnee auf der Straße taghell reflektierte, auf der Nadja noch ihre Stiefelschritte knarzen hören konnte, wie das Geräusch einer Geschichte, an die sie einmal glaubten. Paul schlief vollkommen reglos. Nadja breitete ihre Handfläche einen Zentimeter über seiner Hautoberfläche aus und schloss die Augen, um zu sehen, was es mit ihr machte.

- Ein Liftschacht, sagte sie später zu ihm. Dieses Gefühl, als durchfahre einen etwas Fremdes mit Gewalt.

Sie fuhr mit der Hand durch seine Haare.

- Etwas Fremdes oder etwas, das einmal fremd war und jetzt etwas Organisches geworden ist, sagte sie und ließ einige Strähnen durch ihre Finger gleiten.

- Wie fremdes Gewebe, das jemand herausreißen will und dadurch den Organismus gefährliche Sekunden lang zum Kollabieren bringt.

- War doch nur ein Traum, sagte Paul.

- Was denkst du?

- Ich schlafe, sagte Paul, und später senkte sich das Sofa kurz unter seinem Körper wie ein Versprechen, das er nicht halten würde und das Nadja verloren machte in diesem Zimmer und der Stadt, in der sie sich vorkam wie jemand, der nicht einsehen wollte, dass das, was er suchte, für immer verschwunden war.

Am Nachmittag fuhr sie an die Münchner Freiheit und stand auf dem noch lichterloh geschmückten Treppenaufgang herum wie ein Vollidiot, mit dem nostalgischen Gefühl darüber, dass das hier zumindest die Vorstellung einer Erinnerung entwarf, die die Gegenwart erträglicher machte. Geistlos stand sie da und war plötzlich so gerührt von dieser ganzen Kitschszenerie, dass sie nicht genau sagen konnte, ob es der Unberechenbarkeit eines Katers ähnelte oder der Empfindung einer Schönheit.

Am nächsten Tag war der Abend schon beinahe lau. Auf der Fahrt zu ihren Eltern sah die ganze in der Dämmerung illustriert daliegende Vorwinterszenerie aus wie die mit Krähen bedeckten Hügel von C. D. Friedrich, auf denen sich der Himmel lila über die schwarz verästelten Baumkronen spannte wie dunkelblau gespickte Blumen auf Pappmaschee. Irgendwas verstörte Nadja jedes Mal an diesem Anblick, weniger wegen C. D. Friedrich, sondern weil etwas in dieser Atmosphäre so war, als hätte sie es schon einmal gesehen, konnte sich aber nicht mehr daran erinnern, wo.

Daheim empfing sie sofort der gewohnte Geruch des Hauses. Die Kühle des Flurs durch die tagsüber leicht heruntergezogenen Rollläden und die wehenden hellen Vorhänge, durch die man den winzigen Garten sehen konnte, der nach raugereiftem Rasen roch und Nadjas müden Körper trug wie einen Invaliden. Nach dem Essen holte sie die Wäsche aus der Maschine und warf einen Blick auf die neuesten Bilder ihres Vaters. Düster starrten sie auf einen Punkt außerhalb ihrer selbst hin, der einen dennoch so beinhaltete, als blickte man von seinem Betrachterposten aus direkt in das Innerste des eigenen Blicks hinein. Beim Wäscheaufhängen linste Nadja immer wieder zu Marek hinüber, als könnte sie dadurch dem Wesen dessen näherkommen, das ihr selbst fehlte als etwas, das notwendig war, um endlich zu begreifen, wie es ging.

Am Abend ging sie mit Paul auf die Performance einer befreundeten Akademie-Studentin von Michael, der das Pasinger Idyll verlassen hatte und bei Paul eingezogen war.

Der Raum war brechend voll und bestand aus dem üblichen Publikum der Szene. Überall unterkühlte Leute, die uniform dreinschauten. Schweigsam hatten sie sich in kleinen Grüppchen zusammengefunden oder lehnten irgendwo an. Man konnte ja auch wirklich sehr gut anlehnen hier. Und alle hatten sich schließlich so hübsch gemacht.

- Willst du was trinken? fragte Paul.

- Sicher, sagte Nadja. Bier.

In der Ecke des Raumes waren etliche Gegenstände aufgebahrt. Ein Sekretär, auf dem einige Bücher lagen, eine Stehlampe, Schallplatten, Kuscheltiere. Dann wurde es unruhig im Raum, die Menschen drängelten aneinander vorbei. Eine junge Frau stellte sich zuerst in die Mitte der Leute und ging dann zu dem merkwürdigen Krempel hinüber, schaltete die Lampe ein und aus und begann, wahllose Begriffe aufzusagen. Zuerst mehr zu sich selbst, dann an einzelne Zuschauer gerichtet, bis sie ihnen die Begriffe regelrecht ins Gesicht schrie. Sie lief herum, Namen und Begriffe wie ein Mantra vor sich hersagend, mal lauter, mal leiser, bis sie dazu überging, die Seiten aus den herumliegenden Büchern zu reißen und kategorisch alles zu zerstören. Sie nahm eine der Schallplatten aus der Hülle und zerbrach sie, sprang auf den übrigen herum, zerriss die Buchseiten, zerknüllte sie und warf damit um sich, schnitt einem Stoffteddybären die Arme ab und pulte das wattige Innenleben heraus, zerrte am Sekretär, zog ihn zwischen die Leute, schlug auf ihn ein. Am Ende verstand man keines der Worte mehr, sie schrie sich die Seele aus dem Leib, die Haare klebten an ihren Schläfen fest, bis sie schließlich die Glühbirne aus der Fassung drehte und sie auf den Boden warf, sodass sie vor den Füßen der Umstehenden zerbarst. Dann stand sie da, atmete schwer, ihre Arme und Hände verloren langsam an Anspannung. Erneut glitt ihr Blick über die leeren Gesichter, bis sie langsam und dann schneller im Publikum herumging und nach draußen lief. Nadja sah sich um, die Leute waren vollkommen unberührt. Da auch diese Darbietung ihr Leben nicht verändert hatte, machte jeder genau da weiter, wo er aufgehört hatte. Kurz standen sie noch still da und setzten sich dann wieder in Bewegung.

Nadja ließ ihre Augen durch den Raum wandern, um Paul wiederzufinden, der nach der Performance nicht wieder hergekommen war. Als sie ihn fand, saß er mit ein paar Leuten auf dem Boden. Ebenfalls ging sie in die Hocke.

- Ich glaube nicht, dass das hier rein aus einem anti-materialistischen Standpunkt aus zu verstehen ist, sagte eine zierliche Frau mit kurzen Haaren, deren Gesicht etwas so Puppenhaftes hatte, dass es beinahe abstoßend war. Wenn sie sprach, weiteten sich ihre Augen auf eine Weise, als würde sie dabei etwas in sich hineinziehen. Als saugte sie die Worte gleichermaßen durch ihre aufgerissenen Augen zurück in sich hinein, sodass sie dort zu ihrer Rechtmäßigkeit gelangten.

- Sondern? fragte Michael, der seine Arme hinter sich auf dem Boden aufgestützt hatte und sie ruhig ansah.

- Je älter man wird, sagte die Frau jetzt, umso mehr verlagern sich die Bedeutungen. Früher hatte alles so viel Macht. Alles, was wir besitzen, ist so trächtig an Bedeutung, die wir den Dingen geben, so wie wir uns über sie identifizieren. Meiner Meinung nach verschwinden die Bedeutungen mit der Zeit. Dann besitzen wir immer noch all die Sachen von früher, aber sie sagen uns nichts mehr. Und auch wenn wir neue Gegenstände finden, erhalten sie nicht mehr den gleichen identifikatorischen Wert auf die Weise, wie es früher war. Wir können uns nicht mehr füllen und bleiben so selbst leer zurück.

Als sie fertig gesprochen hatte, blinzelte sie ein paar Male und nahm dann einige Schlucke von ihrem Bier. Was für ein Bullshit, dachte Nadja. Sie blickte zu Michael, der die Frau einfach nur weiterhin in der gleichen ruhigen und doch direkten Weise ansah, als würde er sie von Grund auf durchleuchten, obwohl er in Wirklichkeit auf etwas ganz anderes konzentriert war, etwas, das sich in seinem Inneren abspielte, für das man nur ein Indikator war, eine Oberfläche.

Nadja fragte Paul, ob er noch bleiben wollte.

- Willst du schon gehen? fragte er zurück und berührte sie an der Schulter.

Nadja merkte, dass sie plötzlich auf eine unangenehme Weise im Zentrum einer Aufmerksamkeit stand, von der alle so taten, als bemerkten sie es nicht. Sie nickte und sagte, dass sie müde sei und ja schon mal vorfahren könne.

- Wirklich? fragte Paul.

Nadja nickte wieder und lächelte ihn an. Er streichelte kurz ihren Nacken und meinte, er tränke nur noch ein Bier mit den anderen, danach würde er direkt nachkommen.

- Okay, sagte Nadja, lächelte noch mal in die Runde, die zurücklächelte und dann wieder mit sich selbst beschäftigt war.

Auf dem Rückweg fühlte sich ihr Kopf so an, als hätte sich alles, was darin jemals von irgendeiner Wichtigkeit gewesen war, als Lüge entpuppt. Die Performance hatte auch sie in Wirklichkeit kalt gelassen, wie die meisten Darbietungen dieser Art, die für sie immer mit demselben fahlen Nachgeschmack verbunden blieben wie etwas, das man gezwungen wurde zu probieren, von dem man aber wusste, dass es einem auch beim ersten Mal schon nicht geschmeckt hat. Sie verstand die Seriosität des Settings nicht, mit der derlei Auftritte verbunden waren, die Zentrierung, die Menschen für sich beanspruchten, als sollte man dabei zusehen, wie sie vor den eigenen Augen starben, sodass es zu einer Zurschaustellung des Letzten wurde, was man hatte. Jedes Mal war Nadja aufs Gleiche unangenehm berührt, da sie gegen ihren Willen zum Zuschauer einer Würdelosigkeit wurde, die sie schamhaft besetzte und die sie gleichzeitig antizipierte, weil sie über kein Thema verfügte, das sie dem Dargebotenen mit der gleichen Ernsthaftigkeit entgegenzusetzen vermochte, sodass es gerechtfertigt gewesen wäre, sich dieses Urteil anzumaßen. Was hatte sie schon zu bieten. Sie war ja noch nicht mal lesbisch. Oder trans oder was es sonst noch alles gab.

In der Nacht wachte sie davon auf, dass jemand die Zimmertür aufriss und wieder zuknallte. Die Stimmen im Flur wurden leiser, jemand lachte laut, dann verlagerten sie sich Richtung Küche, in der Musik aufgelegt wurde. Es war drei Uhr morgens, Pauls

Kopfkissen lag unberührt neben Nadjas, wie alles in diesem Raum, der sich in völliger Reglosigkeit zu dem plötzlichen Rasen in ihr verhielt.

- Du bist ja da, sagte Paul, als er ins Zimmer gefallen kam und das Licht einschaltete.

Seine Augen waren glasig und rot, und in seinem Blick erkannte Nadja, dass er nicht ganz auszumachen schien, ob er dem Bild, das sich ihm nun bot, folgen konnte. Sie hielt sich die Hand vor die Augen und bat ihn, das Licht wieder auszumachen. Manchmal war er schon ein richtiger Penner. Dabei meinte er es ja gar nicht so. Er wusste nicht, wann das alles angefangen hatte. Warum konnte Nadja es nicht einfach leichter nehmen. Jedes Mal ein anderes Drama. Wie sollte man da zusammen unter Leute gehen. Nie wusste er, was als Nächstes passieren würde. Etwas an ihr bedrängte ihn so sehr, dass er froh war, wenn er schließlich wieder für sich sein konnte.

Im Dunkeln tastete er sich Richtung Bett, berührte unbeholfen ihr Gesicht und küsste Nadja auf den Kopf.

- Ich komme gleich, sagte er, sah an ihr vorbei, stolperte wieder aus dem Zimmer und schloss die Tür.

Aus der Küche grölte es, Bierflaschen stießen aneinander und segelten zu Boden. Als Paul erneut ins Zimmer rumpelte, zog er sein T-Shirt aus und fiel in demselben Moment in eine völlige Starre, in dem er mit halbem Körper das Bett erreicht hatte. Nadja blieb einen Moment sitzen, legte ihre Hand auf seinen nackten Rücken und ließ sie langsam entlangfahren, bis sie am Gürtelbund seiner Hose zum Stoppen kam.

- Hm, machte Paul und wiederholte wieder: Du bist ja da.

Nadja nahm seine Beine und legte ihn zur Gänze ins Bett, deckte ihn zu und legte sich daneben, starrte die Zimmerdecke an und betrachtete die Schatten, die die vorbeifahrenden Autos warfen, bis der Lärm aus der Wohnung schwächer wurde und sich das Schwarz der Nacht in das dunkle Blau verwandelt hatte, in dem bald der Tag sich ankündigte.

Als sie aufstand, war die Küche komplett verwüstet. Paul lag noch immer bewegungslos im Bett. Sie setzte sich noch mal neben ihn, berührte seine Wange. Er tastete mit der Hand nach der ihren, setzte sich langsam auf.

- Ich bin müde, sagte er.

- Okay, sagte Nadja, ich gehe jetzt.

- Okay, sagte er und hob die Hand, als sie im Türrahmen stand und schließlich die Wohnung verließ.

Es war Sonntag und sechs Uhr morgens. Immer noch hing ein tiefes Grau in der Luft, das den Wind durch die Straßen schob. Ohne zu wissen, wohin sie sollte, lief Nadja in Richtung S-Bahn. Am Gleis setzte sie sich auf eine der Bänke und wartete darauf, dass sich die Dinge in ihr wieder in Bewegung setzten, aber es passierte nichts. Alles blieb gleichförmig und leer. Als die S-Bahn aus der Stadt hinausfuhr und die weiten Felder durchquerte, wurden Nadjas Glieder schwer und eine völlige Gleichgültigkeit durchströmte sie. Sie lief den Feldweg nach Hause, sperrte leise die Tür auf, deckte den Tisch und bereitete das Frühstück, ohne die Rollläden hochzuziehen, um ihre Eltern nicht zu wecken. Saß dann da, hörte das leise Knacken der alten Treppe im Flur und den Zeiger der Uhr, die sie nachts immer abstellen musste, weil sie das zu schnelle Fortschreiten der Sekunden vor dem Einschlafen nicht ertrug. Sie dachte an die stete Belebtheit dieses kleinen Hauses im Sommer, die unzähligen Feste und Zusammenkünfte, die seit ihrer Kindheit hier stattgefunden hatten, während sie im dunklen Flur auf der Treppe gesessen hatte, als würde der Raum in sich zusammenstürzen und mit ihm die Zeit.

Am Nachmittag ging sie die gefrorenen Wege zum Wald hinunter. Die Luft roch angenehm nach kalter Erde und diesem ständigen Nebel, der sich über die Feldlandschaft gelegt hatte, vor welcher Nadja nun ehrfürchtig stand.

Als sie die verbauten und menschenleeren Straßen der Stadt erreichte, war der Himmel voll und schwer.

In der WG roch es nach Alkohol und kaltem Rauch.

- Was machst du? sagte Nadja zu Paul, der auf seinem Bett saß und las.

Sie setzte sich neben ihn, er legte das Buch beiseite und rieb sich die Augen.

- Wo warst du? fragte er.

- Bei meinen Eltern, sagte Nadja.

Er nahm ihre Hand und sperrte seine Zimmertür ab. Sie öffnete seine Hose und sah dabei zu, wie sein Gesicht sich entspannte. Dann drehte er sie um und drang ein paar Mal so tief in sie ein, dass sie wollte, es würde nie aufhören, auch dann, als sie übereinanderlagen und ihre Körper nachbebten wie die zuckenden Flügel gestrandeter Vögel.

Am Abend blieb sein Blick aus dem Fenster oder in die Zeitung gerichtet. Michael kam in die Küche, nahm sich ein Glas Wasser.

- Nimm dir, wenn du magst, sagte Paul und deutete auf das Essen.

- Danke, sagte Michael, sah Nadja an und lächelte. Falls ihr Bock habt, wir können nachher noch abhängen.

- Heute wohl eher nicht, sagte Paul.

Ihre Blicke trafen sich kurz, dann nahm er seinen Teller und stellte ihn in die Spüle.

- Klar, kein Ding, sagte Michael und ging wieder in sein Zimmer.

Als sie sich am nächsten Morgen verabschiedeten, schaute Nadja ihn lange an.

- Was ist? lachte er.

- Nichts.

Er legte seine Arme um sie, und obwohl sie sich durch die Busscheibe hindurch noch weiter ansahen, war es nicht mehr er, den Nadja vor sich sah, sondern plötzlich nur noch der Mensch, den er vorgab zu sein. Jemand, den sie nicht kannte und der aus ihr jemanden machte, der sie nicht sein wollte.

In Leipzig ging Nadja auf eine von diesen legendären HGB-Parties. Der ganze Laden war laut und voller gut frisierter Leute. Junge, weiße, herrlich selbstsichere Menschen. Sie hatte gehofft, nicht aufzufallen, aber bereits zwei Drinks später musste sie erkennen, dass sie aus all dem ertüchtigten Koksmenschentum gnadenlos herausfiel.

Nadja blieb in einem der Räume stehen und blickte in das Gesicht eines hageren Typen, der neben einem großformatigen nackten Frauenkörper stand, der sich neben andere großformatige nackte Frauenkörper reihte. Der Mann nickte, Nadja nickte zurück.

- Hallo, sagte sie stumpf.

Der Mann schnalzte unzufrieden, als hätte sie bereits alles falsch gemacht.

Wortlos gesellte Nadja sich zu ihm. Sie erfuhr, dass er Severin hieß. Severin war also einst BWLer, nach Leipzig gekommen, den Unsinn zu suchen. Danach stellte er das Sprechen ein und nahm Nadja an die Hand. Sie gingen hinaus auf den Flur, auf dem alle gespornt und gestählt ihre Diskurstänze betrieben. Im oberen Stockwerk hatten ein paar der Studierenden einen Raum geradewegs ins Schmusezimmer umgemünzt. Im Inneren des Darkrooms beobachtete Severin leidenschaftslos ein paar sich berührende junge Menschen.

Ratlos, aber doch ein wenig neugierig sah Nadja zuerst ihn, dann ebenfalls wieder die sich reibende Schar an biegsamen Körpern an, die alle ineinander verflochten schienen. Wieder nahm er Nadjas Hand und zog sie auf den Boden, auf dem sie jetzt hinter ihm her krabbelte wie ein Käfer. Vor ihnen war nun eine sehr kleine Tür. Severin winkte Nadja heran und quetschte sich als Erster durch die schmale Pforte, die in einen Glaskasten führte, aus welchem man direkt auf das Innere des Lichthofs blicken konnte. Zufrieden setzte er sich in den Schneidersitz und schnalzte erneut mit der Zunge. Zusammengekauert blickte Nadja auf das sich in den sakralen Hallen unter ihr Darbietende und lehnte sich stumm an Severin. So saßen sie und warteten.

Einige Minuten passierte gar nichts und obgleich Nadja die anfängliche Abwechslung als sehr angenehm empfunden hatte, erschien es ihr nun ziemlich langweilig.

- Warte, sagte Severin, als sie sich von seinem Rücken zu lösen begann.

Seine Stimme klang richtig ätherisch. Beinahe knabengleich. Nadja umklammerte ihn von hinten mit den Beinen und presste das Gesicht in seinen Nacken. Er hob die Hand und zählte mit ausgestreckten Fingern nach unten. Die geballte Faust nun erhoben, fing der Kubus an, sich wie auf unsichtbaren Gleisen vollkommen lautlos durch das Meer an Menschen zu bewegen, die keine Notiz davon nahmen, was sich ereignete. Nachdem sich Severin aus Nadjas Klammergriff befreit hatte, drehte er sich um, schob ihr zuerst die noch immer geballte Faust zwischen die Zähne und fuhr dann mit dem Zeigefinger die Innenseite ihres Mundes ab, bevor er sich in fischartigen Bewegungen an den Glaswänden entlang aalte. Sie begann, es ihm gleichzutun, und merkte, dass ihr Mund sich auf eine sehr merkwürdige Weise zu öffnen und schließen begann. Sie versuchte, ihren Kiefer so weit wie möglich nach vorne zu schieben, und glitt mit der Zunge in Severins Ohr. Das schien ihm zu gefallen. Glucksend schob er seinen Körper auf Nadjas und sie begannen, sich aneinander zu reiben, während er ihre Hände rechts und links auf den Glasboden gedrückt hielt. Immer schneller rieben sie sich, seine Zunge fuhr aus seinem Mund in Nadjas hinein und wieder heraus, und immer wieder drückte sie mit aller Kraft ihren Unterkörper gegen seinen, bis ihre Körper ein großer, von Schuppen bedeckter Wurm waren, der die Glaswände durchbarst und sich gierig und schonungslos durch die Menschenmenge bohrte, hinein in die dampfende Nachtkälte, durch welche sie weiterglitten, während unter ihnen die Bäume in ihrem langweiligen Immergleich standen.

In einer Lake von Erbrochenem erwachte sie. Erleichtert darüber, noch vollständig bekleidet zu sein, blickte Nadja sich um, und begann, sich der Frage zu widmen, wo sie war. Severin lag neben ihr und obwohl er wirkte, als würde er schlafen, waren seine Augen weit geöffnet. Vorsichtig legte Nadja einen Finger auf seine Stirn und wartete, was passierte. Als er sich nicht rührte, bewegte sie ihren Unterarm vor seinem Gesicht, um herauszufinden, ob er atmete. Sie spürte nichts. Machte sie es falsch? Jetzt, da er im T-Shirt vor ihr herumlag, konnte sie sehen, wie sich an seiner Brust zwei kleine runde Höckerchen abzeichneten. Wie zwei flache Mädchenbrüste. Das war ihr bis dahin noch gar nicht aufgefallen. Kurz überlegte Nadja, ob sie sie anfassen sollte. Sie beugte ihr Gesicht zu seinem hinunter und legte ihr Ohr auf seinen Mund, aus dem es warm herausströmte. Erleichtert lehnte sie sich kraft ihres Körpers in die entgegengesetzte Richtung, um sich wieder in die Senkrechte zu begeben. Es dauerte sehr lange.

Noch Tage nach dieser Nacht war Nadja der Überzeugung zu sterben. Sie wusste nicht, was genau sie genommen hatte. Sie hatte überhaupt noch nie etwas genommen, und aus Angst, dass sie es nicht überleben würde, hatte sie begonnen, abendlich einige Gläser Wein zu trinken, um schlafen zu können. Sie traute sich nicht einmal in die Nähe der HGB, und wenn sie das Haus verließ, dann nur, um etwas zu Essen und neuen Alkohol zu kaufen, den sie langsam zu reduzieren versuchte.

Sie blieb allein und sprach mit niemandem.

Irgendwann rief Christopher an und lud sie ein, mit ein paar anderen auszugehen.

Sie trafen sich in einer Bar im Osten, wo Nadja an einem Tisch zwischen Christopher und einem Pärchen Platz nahm. Das Pärchen bestand aus einem sehr großen Algerier und einer mit taubem Stolz dreinschauenden jungen Frau, die ständig an ihrer E-Zigarette zog. Sie sah aus wie Nico in ihrer Velvet-Underground-Zeit. Wahrscheinlich war Nico schon so ein Paradebeispiel der deutschen Frau schlechthin gewesen. So eine blonde, dummstolze, deutsche Schönheit. Aber egal. Die hier schminkte sich auf jeden Fall nicht, das machte man hier generell nicht, weil alle sowieso gut aussahen. Auf dem Weg zur Theke dachte Nadja, dass sie hätte fragen sollen, ob sie jemandem etwas mitbringen könnte, und überlegte, ob sie sich umdrehen und nochmal zurückgehen sollte, andererseits war sie ja gerade erst angekommen, während die anderen genug Zeit gehabt hatten, um selbst schon für Nachschub zu sorgen. Außerdem wäre es sicherlich ungezwungener, wenn sie erst beim nochmaligen Anstehen die Frage in den Raum werfen würde. Sie ging zurück, blieb vor dem Tisch stehen, schaute die anderen beiden und dann Christopher an und bemerkte, dass auch der Blick der anderen beiden nun auf sie gerichtet war.

- Hab mein Geld vergessen, sagte sie schnell und dann, ob noch jemand etwas wolle, woraufhin alle ihre Flaschen hoben, um zu zeigen, dass sie noch versorgt waren.

Mit einem Staropramen in der Hand kehrte Nadja zum Tisch zurück und musste sich wieder auf den Stuhl neben dem Algerier setzen.

- Wir arbeiten gerade an dem Konzept für einen Wettbewerb, sagte Christopher endlich.

Nadja trank fast das halbe Staropramen auf einmal.

- Hm, machte sie zustimmend und schaute fragend den großen Mann neben sich an und dann schnell zu seiner Freundin, die Nadja mit ihrem Kontrollettiblick pausenlos fixierte. Je länger sie mit ihr am Tisch saß, umso mehr sah die Freundin aus wie so eine echte Stasimitarbeiterin.

- Was schwebt euch vor? fragte Nadja und war froh, etwas herausgebracht zu haben, das zur fortschreitenden Kommunikation beitragen könnte.

- Koons, sagte die Frau und trank ebenfalls einen Schluck aus ihrem Bier.

Ohne Nadja dabei aus den Augen zu lassen, saugte sie erneut an dem elektronischen Gerät. Sie hing an dem Ding wie an einer Atemmaske. Es war erbärmlich. Um ihre Sucht zumindest vorübergehend zu befriedigen, hätte Nadja ihr am liebsten eine richtige Zigarette in den Mund gestopft.

Stattdessen nickte sie und überlegte, was sie noch fragen könnte. In ihrem Kopf war völlige Leere, eine große Ödnis aus verbrauchten Floskeln und anmaßenden Thesen, die nie Gebrauch gefunden hatten, und somit immer parat waren, um bei Anbruch der Trunkenheit ihre Geltung einzufordern.

- Wir haben ein paar Kontakte zu Kulturreferaten in verschiedenen Städten, sagte der Mann und schaute dabei nicht Nadja, sondern Christopher an.

- Wir hatten die Idee schon länger, wussten aber nie genau, wie wir sie unters Volk bringen sollen, sagte Christopher und legte den Arm um die Lehne von Nadjas Stuhl.

Unters Volk, dachte Nadja und bemühte sich, das Staropramen nicht sofort auszutrinken, um nicht gleich wieder an die Bar zu müssen. Verzweifelt kramte sie nach einer guten Frage oder irgendwas, das ihnen zeigen würde, dass sie sich auf sie einließ, aber ihr nach innen gerichteter Blick starrte erneut ins Leere.

- Möchte noch jemand was? fragte Christopher, und weil Nadja es nicht anders ertrug, als er ging, trank sie ihr Bier auf ex und orderte sogleich ein neues.

- Christopher hat schon von dir erzählt, sagte die Frau dann, und weil Nadja sie nicht anschauen konnte, sah sie zuerst wieder in Richtung ihres Freundes, dann zu Christopher an die Bar und dann doch zu der Frau, die anhaltend skeptisch zurückblickte.

- So, sagte Nadja und starrte sogleich auf ihre Hände, als Christopher endlich das neue Bier vor ihr abstellte und seinen Arm wieder um ihre Stuhllehne legte. Nadja trank einen weiteren Schluck und dachte das Wort *Desaster*, dachte, das alles hier ist ein riesiges *Desaster*, entschuldigte sich kurz und ging auf die Toilette. In der Kabine stützte sie die Arme auf die Knie und den Kopf in die Hände. Wieso war sie nicht zu Hause geblieben? Stattdessen saß sie nun hier, zwischen der Stasifrau und dieser Koons-Sache, und konnte nicht einfach gehen, weil es asozial und falsch gewesen wäre und weil sie dankbar sein musste, dass Christopher sie überhaupt gefragt hatte, und tat deswegen etwas, das noch falscher war.

- Wirklich? rief sie in ihr Telefon, als sie schon fast wieder am Tisch angekommen war, laut genug, damit es die anderen hören konnten. Nein, kein Problem, du kannst dich immer melden. Nein, alles gut, ich ruf dich gleich zurück. Ich muss gehen, sagte Nadja in die Runde. Das war mein bester Freund. Er hat Krebs.

Es funktionierte. Alle waren plötzlich extrem aufmerksam, und überhaupt nicht mehr mit sich selbst beschäftigt.

- Das tut mir leid, sagte Christopher, als sie sich verabschiedeten und er Nadja fester an sich drückte als sonst. Sag, wenn du was brauchst.

- Danke, sagte Nadja und winkte in die Runde, bevor sie draußen anfing zu laufen und erst damit aufhörte, als sie an der Haustür angekommen war.

- Du bist ein schlechter Mensch, sagte Clemens später und lachte.

- Ich weiß. Es tut mir leid.

- Ach red keinen Müll.

- So eine Scheiße.

Clemens lachte weiter.

In den nächsten Wochen ging sie schuldbewusst in ihre Kurse. Sie zeichnete, wo immer sie war, begann alles Mögliche aufzuschreiben, verwarf es wieder, und versuchte vergeblich zu sehen. Seit Mariam weg war, brachte sie die Dinge nicht mehr zusammen. Was machte sie jetzt, wo war sie? Konnte sie sich nicht wenigstens einmal bei ihr melden? Unter ihrer alten Nummer hatte Nadja sie nicht mehr erreichen können.

Um sich abzulenken, verbrachte sie die Abende mit Recherche und hatte sich daran gewöhnt, außer bei den Treffen mit Christopher für sich alleine zu sein. Neben der Arbeit in der Lagerhalle arbeitete sie stundenlang an ihren Entwürfen und verfolgte im Internet die Blogger der Pegida-Demonstrationen. Seit einem Jahr redete man hier von kaum etwas anderem, überall waren die Leute aktiv. Noch während sie in den Räumen der HGB saßen, konnten sie die Hubschrauber über der Stadt kreisen hören, die Parolen der Demonstranten. Die Stadt hatte sich verändert. Seit dem Anschlag auf den Minister Gemkow letzten Winter hatte sie sich zur Kampfzone ausgeweitet. Nadja las die Zeitungsartikel aus den anderen Städten. Mittlerweile war es zu Hausdurchsuchungen gekommen, die Staatsanwaltschaft berichtete von mutmaßlich linksmotivierten Verbrechen.

Sie trank noch ein Bier und konnte nicht schlafen, ging in den Park, den taunassen Boden unter den Füßen und den Gesang der Vögel in den Ohren, der in ihr nachklang wie der Chor aus einer anderen Welt, abstrakt und furchteinflößend und dennoch so hell und klar wie das morgendliche Licht, in dem sie wandelte, zu dessen Schichten sie in diesen Vormittagsstunden durchdrang und Zugang hatte zu einer Ebene, die sie sonst nicht zu greifen bekam, die fernab der großen Dummheit lag, in der sie sich befand.

Zu Hause schlief sie ein paar dumpfe Stunden lang und erwachte bereits in der gierigen Überreizung nach mehr, sodass sie wieder hinausging, getrieben von einer Unruhe, die unteilbar war, sie jedoch alles in einer Klarheit sehen ließ und von der sie fürchtete, sie könnte ebenso schnell wieder verschwinden, wie sie eingetreten war.

In den kommenden Wochen lagen die Straßen in warmem Frühlingslicht. Im Clara Park schrieb Nadja eine Nachricht an Paul, von dem sie schon seit Längerem immer unregelmäßiger gehört hatte. Sie lieh sich ein paar Kunstbände aus der Bibliothek, studierte die Bilder von Corot und wusste plötzlich, dass alles, was wichtig war, schon passiert und für immer vorbei war, während sie wie immer nichts begriffen hatte. Was war es, das sie dazu gebracht hatte, sich für ein Leben zu entscheiden, in dem sie es nicht zustande brachte, etwas herzustellen, das all das rechtfertigte. Wenn es ihr schon nicht gelang, die Dinge neu zu denken, musste sie zumindest alles in Bewegung setzen, eine Kerbe zu schlagen, in die sie später ihren Finger würde legen können und die etwas mit den Dingen zu tun hatte, in denen sie lebte. Das Licht in den Straßen senkte sich langsam, der Abend kam, und mit ihm die Düsternis. *Hallo?* schrieb sie an Paul und war in der

Mitte einer großen Furcht, als ihr Telefon klingelte und es tatsächlich Paul war.

- Hallo.

- Hallo.

- Was machst du?

- Ich hatte Blockseminar, wir kochen gerade mit Michael. Später gehen wir noch in das neue Stück im Resi. Toni macht Dramaturgie. Und du?

Nichts in ihr antwortete.

- Ich gehe nachher vielleicht auch noch aus, log Nadja und wollte in Wirklichkeit auch Tonis neues Stück sehen. Christopher und ich haben ein Kunstprojekt, log sie wieder, so ein Koons-Ding.

- Ja? fragte Paul.

Er lachte leise, im Hintergrund konnte Nadja das Geräusch von Töpfen hören und eine laute Frauenband.

- Du, ich muss jetzt weiterkochen, hier brennt alles an.

- Okay. Schreibst du mir nachher noch mal?

- Mache ich, bis dann.

- Bis dann.

Nadja öffnete sich ein Bier und trank es in großen Schlucken, ging runter zum Späti, kaufte weitere Biere.

Hast du Zeit? schrieb sie an Clemens, öffnete sich ein viertes Bier und schrieb *Ich liebe dich* an Paul, der nicht antwortete, weil er gerade im Theater saß. Erneut ging sie hinunter zum Späti, kaufte sich eine Schachtel Zigaretten, zündete sich eine an, rauchte in gierigen Zügen und drückte sie dann auf ihrem Unterarm aus. Ihre Hände waren vollkommen ruhig, als sie die nächste anzündete und noch eine und als sie fertig war, war alles in ihr vollständig aufgelöst.

Am nächsten Morgen pochte ihr Unterarm wie verrückt. Auf ihrem Telefon war eine Nachricht von Paul *Stück ist jetzt aus, wir sitzen noch zusammen. Ich liebe dich auch.*

Draußen fiel die zu frühe Frühlingssonne in gnadenloser Manier zwischen die Straßen, die Menschen waren haltlos und unbeschwert, und als Nadja den Kanal erreichte, waren da überall entspannte, leichte Körper, die sich in der Sonne aalten, sich aneinander labten und ausloteten, was zu holen war in dieser flammenden Betörung, die alles vereinnahmte und einen kalt und bedingungslos traf, wenn man nicht Teil davon war. Ihr Unterarm nässte und brannte, sie konnte unmöglich alleine sein an diesem Tag und auf gar keinen Fall unter Menschen. Bei Kaufland besorgte sie Eier, Dosenfisch und Brot, unfähig, irgendetwas davon zu essen, als sie wieder in der Wohnung war. Sie legte sich ins Bett und versuchte alles, um nicht zu denken, hatte nur noch den Gedanken, dass sie nicht denken durfte, auf gar keinen Fall denken durfte, bis dieser Tag endlich vorüber sein würde.

Als sie wieder wach wurde, war es tiefste Dunkelheit.

Bist du noch wach? schrieb sie an Clemens, und konnte keine Antwort abwarten, sie musste mit jemandem sprechen.

- Hallo?

- Hallo Papa.

- Warte kurz, ich gehe ins Wohnzimmer. So, jetzt bin ich im Wohnzimmer. Ist etwas passiert?

- Nein, ich wollte nur ... mal anrufen.

- Natürlich, hörte sie ihren Vater sagen, ruf immer an.

Nadja wusste nicht, was sie sich dabei gedacht hatte, nichts wollte ihr einfallen, die Wahrheit konnte sie ihm ohnehin nicht sagen.

- Geht es dir gut? fragte er.

- Ja, sagte Nadja und kam sich vor wie so ein dummes Heimweh-Kind. Sie wollte ihn wirklich gerne umarmen. Das war die Wahrheit. Sie wollte plötzlich unbedingt sofort nach Hause fahren und ihn umarmen.

Irgendwann schlief sie wieder ein.

Auch am nächsten Tag war da tatsächlich ein neuer Tag.

Im Clara Park mischten sich die Stämme der Bäume in das klaffende Grün, das neu und gleichzeitig vertraut roch und nichts mit dem zu tun hatte, was passiert war. Die Natur kannte den

Stillstand nicht und mitten in all dem verlor die Schwere ihr Gewicht, und sie beschloss, es diesmal besser zu machen, endlich anzufangen.

Einen Monat später kam Paul sie besuchen. Je näher seine Anwesenheit rückte, umso unkonzentrierter war Nadja. Ihr Blick verengte sich binnen weniger Tage darauf, welches Urteil Paul über das Leben fällen würde, das sie angefangen hatte zu führen und das ihr immer unwirklicher erschien. Am ZOB schlug ihr das Herz fest in den Hals, und als der Bus einfuhr, war sie voller Angst. Sie konnte Paul bereits durch die abgedunkelte Scheibe des Busses sehen, sah die Konturen seines langen dünnen Körpers, der sich manchmal kindlich bewegte, aber niemals ungelenk, und als er aus dem Bus stieg, brach sich das abendliche Licht in seinen dunklen großen Augen.

In der Tram sprachen sie kein Wort, blickten über das weite, das gleißende Abendlicht reflektierende Elsterbecken und als sie bei Nadja ankamen, ging alles so schnell, dass sie sich völlig benommen fühlte, als Paul ins Bad ging.

Die nächsten zwei Tage waren einfach. Sie liefen durch die Stadt, tranken Kaffee in der Sonne, und immer begriff Nadja das Ende des Frühlings in der Erinnerung an den Herbst und Paul, der sagte, *es wird bald vorbei sein,* und sie nannte den Himmel *zögerlich.* Die Stadt lebte, sie nahm einen auf, war freundlich und ließ sie in Ruhe. Sie lebten inmitten einer Zone ohne Irritationen, es gab nur Nadja und Paul und über ihnen die Vögel, an diesem Himmel, an dem man bereits tagsüber den Mond sehen konnte, sodass alles um sie herum plötzlich im Licht des Universums dalag und das All sie ebenso umgab wie die Bäume und Wiesen, auf denen sie gingen.

Am letzten Abend kochten sie beide zusammen, und als sein Telefon klingelte, ging Paul in ein anderes Zimmer. Durch die Tür hindurch konnte Nadja ihn dann lachen hören. Er war ins Schlafzimmer gegangen und hatte die Tür hinter sich zugemacht.

- Das war einer aus unserer Gruppe, sagte er später, als sich seine Hände um Nadja legten und mit ihnen die Schwere der letzten Monate.

Nadja sagte nichts, putzte die Pilze, schnitt eine Zucchini und gab etwas Öl in die Pfanne.

- Willst du mit dem Öl nicht warten, bis du die Zwiebeln geschnitten hast? sagte Paul.

Nadja schaltete den Herd wieder aus, zog die Pfanne auf ein anderes Feld, nahm eine Zwiebel und begann, sie mitsamt der Schale zu zerhacken. Paul sagte nichts, stand nur neben ihr und sah sie nicht an.

- Was? fragte Nadja, er antwortete nicht. Steh nicht wieder so da, als hätte ich dir was angetan, sagte sie und streckte ihm das Messer hin, das er nicht nahm.

Sie legte es auf dem Schneidebrett ab und ging ins Nebenzimmer.

In ihren Schläfen pochte es so stark, dass ihr ganzer Kopf schmerzte. Sie beobachtete Pauls Sachen in ihrer Wohnung, die überall herumlagen und willkürlich ihre Ordnung zerstörten. Paul stand im Türrahmen und sah traurig aus.

- Ich kann damit nicht umgehen, sagte er, wieso bist du so. Ungläubig sah Nadja ihn an und legte die Hände um den Kopf.

- Gerade noch ist alles in Ordnung und dann bist du so. Ich habe Angst vor dir.

- Rufst du mich deswegen nie an?

- Ich rufe dich also nie an?

Paul begann, seine Sachen in den Rucksack zu packen. Ehrlich, ich hoffe, das meinst du nicht ernst.

Er zog sich Schuhe und Jacke an, und nahm seinen Rucksack. Bevor er die Tür öffnete, wurde es noch mal still, und als sie ins Schloss fiel, gab Nadja auf.

Die darauffolgenden Tage ging sie nicht ans Telefon. Nachdem Paul gegangen war, war sie einfach auf dem Sofa liegen geblieben. Als der Akku leer war, blieb das Telefon still.

Ein paar Tage später kriegte sie sich wieder ein. Es wäre auch zu erbärmlich gewesen. Hängen geblieben wegen der Liebe. Das konnte es ja nicht sein.

- Ich hab da was Neues, sagte Clemens beim Skypen. Ist super für so Fertige wie dich.

Er hielt einen kleinen rechteckigen Kasten vor die Kamera, an dem sich zwei unterschiedlich große Räder befanden.

- Was ist das? fragte Nadja.

- Das, sagte Clemens, ist ein Thermostat. Er lachte begeistert. Super, oder? Hier kannst du drehen, damit der Mensch immer schön wohltemperiert bleibt.

- Und? Lässt du dir das jetzt patentieren?

- Unglaublich, sagte Clemens, und verließ den Bildschirm. Da kommt man dir mit was, sagte er und stellte den Thermostat vor die Kamera, und du denkst nur ans Geld. Den Neoliberalismus eigentlich scheiße finden und dann trotzdem nicht anders können.

Nadja schwieg.

Clemens drehte den Bildschirm wieder in seine Richtung.

- Das ist das ganze Game von Anpassung und plötzlicher Aktion. Ich mein zum Beispiel die Polizeigewalt hier in München. Das war lange so ein Thema für so olle Linke, die seit 50 Jahren immer wieder in die gleiche Kerbe hauen. Und ich hab doch stark den Eindruck, dass viele von den Twitter-Identitätslinken wirklich nix damit am Hut hätten, weil das so eine alte Staatsfeindlichkeit war, die sie null interessiert hat. Und darin waren auch alle plötzlich voll angepasst. Und jetzt plötzlich andersrum. Bullen sind wieder Schweine, und was für welche. Aber die zehn Jahre davor zum Thema Polizeigewalt nichts. Aber jetzt. Das ist nicht wie bei euch drüben. Ich mein, das musst du doch auch sehen. Das hat schon so was extrem Schräges, fast schon Massenpathologisches.

Während sie skypten, wirbelte der Wind die Blätter durch den Innenhof und abwechselnd hielten sie ihre Laptops so an die Fenster, dass sie sehen konnten, wie es beim jeweils anderen aussah. Nadja dachte an die Karte, die sie letztes Jahr an Paul geschrieben hatte. Dass alles so entschleunigt sei, hatte sie geschrieben und dass sie vor allem seit Einbruch des Winters damit nicht zurechtkam, mit dieser Entschleunigung bei gleichzeitiger Abwesenheit von Farben und dass die Leute deswegen Drogen nehmen würden, weil es sich bei zu niedriger Sättigung nicht leben lässt.

- Ich höre nichts mehr, sagte Nadja.

- Was hörst du nicht? fragte Clemens.

- Die Welt, sagte Nadja. Ich kann ihr Rauschen nicht hören.

Die darauffolgenden Wochen blieben gleich und ohne weitere Zwischenfälle. Wenn Nadja nicht in der HGB war, arbeitete sie zu Hause. Anstatt auszugehen, stockte sie ihre Schichten in der Lagerhalle auf, deren körperliches, monotones Arbeiten sie angenehm erdete und davon abhielt, in die tägliche Unruhe zu geraten, die vor allem am Nachmittag eine unsägliche Lust nach Bier mit sich brachte. Obwohl nichts Aufregendes passierte, blieb es ruhig in ihr, und seit Langem hatte sie endlich wieder das Gefühl, dass etwas voranging.

Als sie eines Abends um kurz vor acht zu Kaufland lief, um Klopapier und Kaffee zu kaufen, passte Christopher sie an der Kasse ab.

- Wir dachten schon, du bist untergetaucht, sagte er.

- War nur viel beschäftigt, sagte Nadja.

- Wir kochen heute zusammen. Komm doch mit, dann sehen wir uns mal wieder.

Obwohl sie sich freute, dass er sie einlud, wurde Nadja das Unbehagen darüber nicht los, dass sie vielleicht einen Fehler machte, wenn sie hingehen würde.

- Keine große Sache, echt, sagte Christopher.

Er gab ihr die Adresse und sie sagte zu.

Nachdem sie die Einkäufe nach Hause gebracht hatte, zog sie sich um und ging zum Späti, um noch eine Flasche Wein zu besorgen.

- Kommst du auch mal wieder? sagte Torsten hinter der Theke und lachte sein zahnloses Lachen.

- War viel beschäftigt, murmelte Nadja und fragte ihn, wie es ihm gehe.

- Die Welt, sagte er und schüttelte den Kopf. Die haben alle Angst hier, sagte er und gab Nadja das Rückgeld. Früher, weißt du, da hat man hier den Humanismus hochgehalten. Und als man dann auf einmal mit Waffen bedroht wurde, da ist Mut entstanden. Er schloss die Kasse und sah kurz über Nadja hinweg. Die hatten gewusst, weißt du, wenn sie den Wehrdienst überleben, dann müssen sie was machen gegen den Staat.

Nadja steckte das Rückgeld ein und fühlte sich schlecht.

- Nichts für ungut, sagte er, sind nur komische Zeiten gerade. Nadja mochte diesen dürren Mann mit seinen Zahnlücken. Wenn er nicht im Späti arbeitete, fuhr er Transportlaster und war oft nahezu zwei Tage wach.

- In München war ich auch schon oft, sagte er. Kann man gut arbeiten da. Aber die Leute. Nee das ist einfach nicht meins mit den Leuten da. Komische Zeiten.

Sie nickte und ging aus dem Laden.

Christopher lebte mit acht anderen in einem Haus zusammen, in dem sie sich ein gemeinsames Schlafzimmer teilten. Es lag nicht am Platz, das Haus war geräumig genug, es war eine Art Philosophie, die sie teilten, Patchwork oder so, Nadja hatte es nicht ganz verstanden. Alle waren irgendwie zusammen und auch wieder nicht, ihr Konzept der Liebe bestand darin, jedem seine größtmögliche Freiheit zu lassen und den anderen nicht in seinen Bedürfnissen zu beschränken. Gemeinsam betrieben sie einen Permagarten, arbeiteten in gemeinwirtschaftlichen Projekten und waren in mehr oder weniger politischen Organisationen unterwegs. Sie kümmerten sich um das gruppeninterne Kind und veranstalteten regelmäßig eine Art Güterkreisel, in dem Sachen getauscht oder verhökert wurden. Nun stand Nadja inmitten dieses Ökohaushalts, in dem alle freundlich und geschäftig waren und der so roch, wie Christophers Haare, ein ständiger Geruch nach Moder und Feuchtigkeit und Essen. Dieser Geruch, der in den bunten Laken und in ihrer Gebrauchskleidung steckte und irgendwie richtig unangenehm war. Nadja hatte nie verstanden, wie Leute es schafften, nicht nur eine, sondern gleich mehrere Beziehungen zu führen, da sie schon Schwierigkeiten hatte, sich allein auf einen einzigen Menschen einzulassen. Es würden doch immer dieselben Probleme bleiben zwischen Menschen, die sich lieben, weil sie an einem Punkt des Zusammenseins daran scheiterten, da sie erkannten, dass der andere nicht der Mensch der eigenen Vorstellung war, sondern seine eigene Tragik hatte, sein eigenes Glück. Aber das sahen die meisten wohl anders, schließlich konnte man heute ja alles haben. Man musste sich nicht mehr entscheiden, man konnte einfach alles gleichzeitig haben. Warum Nein sagen, wenn man auch Ja sagen konnte. Einfach Ja sagen. Was war so schwer daran?

Nadja blickte sich um. Im Flur stand ein riesiges Bücherregal, während die Zimmer dafür recht spärlich eingerichtet waren. In der Küche befand sich ein alter Kachelofen, neben dem ein paar Leute auf einer Matratze saßen. Einige hatte Nadja schon an der HGB gesehen, kannte aber niemanden näher. In jedem Zimmer saßen oder standen Menschen. Überall lag Text herum. Was war das eigentlich mit diesen Texten? Christopher machte das auch. In kleinen Grüppchen saßen sie zusammen und fabrizierten Unmengen an geschriebenem Wort, das dann in der Klasse vorgelesen und kritisch diskutiert wurde. Nadja verstand es nicht. War das jetzt Kunst? Und was war noch mal mit der Form?

- Hi, sagte Christopher, schön, dass du gekommen bist.

Nadja nahm sich ein Glas Wein und setzte sich auf einen kleinen Hocker neben dem Fenster.

- Was schaust du?

- Nichts, sagte Nadja und wandte sich von der Textwand ab.

- Du solltest mitmachen.

- Lieber nicht.

- Du hast doch auch mit Mariam zusammengearbeitet.

- Willst du? fragte einer und hielt ihr eine Pfeife hin, ist wirklich gut.

- Danke, sagte Nadja und schüttelte den Kopf.

- Die hat richtig Kohle gemacht. Hier, das kennst du doch?

Christopher hielt ihr einen Kunstband hin.

Das war doch Humbug, dachte Nadja. Mariam war ganz woanders angekommen. Sicherlich wusste er einfach nur nicht mehr, was er sagte. Nadja schlug den Band auf. Der Inhalt kam ihr merkwürdig bekannt vor. Schnell nahm sie sich ein neues Glas Wein und blätterte in dem Buch. Es waren alles Mariams Sachen. Wann hatte sie das alles gemacht?

- Na ja, aber jetzt, Christopher zog an der Pfeife. Glaub mir, die macht ihr Ding ganz groß. Jemand wie Mariam geht sicher nicht unter.

- Wo ist sie, hast du was von ihr gehört?

- Nein, sagte Christopher, keine Ahnung.

Erneut füllte Nadja ihr Glas. Oder vielmehr das Einmachglas. Aus so was trank man hier schließlich, weil man sich richtige Gläser nicht leisten konnte. Oder weil richtige Gläser einfach überholt waren. Man musste sich schließlich positionieren.

Jemand rezitierte Geschriebenes.

- Du musst halt den Impact sehen, sagte Christopher.

Nadja verstand nicht, was er meinte. War das jetzt die neue Salonmalerei?

- Und, was hast du getrieben, dass man dich kaum mehr zu Gesicht bekommen hat?

Er setzte sich neben sie.

- Nichts Großes, sagte Nadja. Gearbeitet und so.

- Klar.

Er lächelte. Die anderen lächelten auch.

Wie sich herausstellte, waren alle in irgendwelchen Aktivismusgruppen, wegen der Umwelt und den Nazis und den Flüchtlingen. Außer Christopher war niemand von hier, aber alle fühlten sich sehr wohl. Irgendwo musste ja mit der Weltverbesserung begonnen werden. In Wirklichkeit hatten alle die Hosen voll. Und jetzt wurde so getan, als lebte man auf der Insel der Freiheit, und der Rest der Welt lag außerhalb.

- Wie kannst du so etwas nur sagen?

Eine der Frauen war kreidebleich geworden. Offensichtlich schien sie zu den leitenden Figuren der hierarchielosen Gemeinschaft zu gehören. Aus unerfindlichen Gründen hatte Nadja ihre Klappe nicht halten können und nach horrenden Mengen Wein das friedliche Marihuanavolk gesprengt.

- Ich finde deine Art zu sprechen wirklich problematisch, sagte die Frau. Wir müssen doch stellvertretend agieren. Für die Leute, die das nicht können.

Genau, dachte Nadja. Wir Deutschen waren ja auch so viel schuld, da kann man uns nicht auch noch die letzte Buße nehmen.

Die Menschen um sie herum waren ruhig geworden und standen betreten herum.

- Gleichheit ist immer auch der Kampf gegen den Kapitalismus, sagte die Frau.

- Aber der Kapitalismus ist ein menschliches Konstrukt, sagte Nadja, und wir sind doch verantwortlich dafür, dass es Menschen auf der Welt so geht, wie es ihnen geht.

Die Miene der Frau wurde sehr böse.

- Wir sorgen dafür, dass es den Menschen nicht gut geht, weil tun wir das nicht, dann haben wir nicht mehr die Oberhand darüber, dass wir sagen können, wir helfen euch.

Der Raum war voller geworden. Das Rudel hatte sich zusammengetan, offensichtlich war hier der Feind im Haus.

- Das kann man aber jetzt wirklich nicht verallgemeinern, sagte wer.

Alle Gesichter waren nun auf Nadja gerichtet.

In ihrem Gehirn tobte plötzlich eine unbändige Wut.

- Beruhige dich, sagte Christopher.

- Jetzt urteil mal nicht so, sagte ein anderer.

- Wie willst du denn denken, wenn du nicht beurteilst? sagte Nadja.

Das ging nun wirklich zu weit. Die Leute hier konnten ja nichts dafür, sie wollten schließlich alles einfach besser machen.

Aber jetzt war es ohnehin zu spät. Rasend und selbstgefällig war sie in das gute Volk eingedrungen und hatte ihre schlechten Ideen verbreitet.

Als Christopher sie zur Tür brachte, fing die Frau von vorher zu weinen an.

Draußen schlug Nadja die Frischluft ins Gesicht.

Nach dieser Nacht war ihr klar, dass sie es wahrscheinlich mit den letzten ihr wohlgesinnten Menschen verschissen hatte. Was hatte sie sich nur dabei gedacht?

Den ganzen nächsten Tag über war sie noch so betrunken, dass es ihr egal war. Vielleicht einfach nachlegen, dann kämen keine Ängste nicht, das Gewissen war noch abhanden. Durch den Park lief Nadja in die Stadt, den festen Boden unter den Füßen, die sich mechanisch unter ihrem wankenden Torso vorwärtsbewegten. Sie trank einen Kaffee und beobachtete die Menschen in den beheizten Cafés. Prachtvoll und zeitlos standen die Häuser herum und waren jetzt auch schon zugestopft mit dem ganzen modernen Müll, der sie bald hip und hotspottig machen würde, und alle würden sie kommen und sagen: Mensch Leipzig, was hier stattgefunden hat, die Leute, diese Kraft, dieser Mut. Tolles Engagement, da könnten wir eigentlich investieren. Dass sich der Westen nicht schämte, sich plötzlich auch noch mit dem Osten zu schmücken, nachdem er ihm jahrzehntelang wie der letzte Klugredner den Kopf getätschelt hatte, dachte Nadja. Dabei gab es innerhalb der Städte sowieso fast nur Wessis, die Ossis tauchten da kaum mehr auf. Nur das mit den Rechten hier in Sachsen, das war natürlich ein Problem. Das war den Leuten dann doch eher unangenehm. Das ganze verbitterte Gesocks, das in Bautzen eingesessen hatte, wo die Leute schon während der NS-Diktatur und unter der sowjetischen Besatzung verhört worden waren und das heute inmitten eines gutbürgerlichen Wohnviertels lag. Wenn der Westen endlich verstehen würde, dass er nicht der Mittelpunkt der Welt war. *Der Mittelpunkt der Welt,* schrieb Le Guin, *ist ein Steilufer am Klamath River in Oregon, ein Fels in*

Mekka, ein Erdloch in Griechenland – der Punkt nirgendwo, sein Umkreis überall.

Zu Hause sah sich Nadja den jungen Jean-Michel Basquiat in der TV-Party-Folge von 1979 an, während Glenn O'Brien hinter verwackelter Kamera in einen Telefonhörer sprach. Die Wege der Kommunikation waren unergründlich, mühsam brachte man die Informationen von A nach B, aber vor allem wollten alle reden. Unbeeindruckt verkörperte Basquiat den Helden einer ganzen Generation an POCs. Oder vielleicht sah er auch einfach so gut aus, dieser Exotismus. Wieso Alltagsrealismus, wenn es Tropenkitsch gab. Ausgestellte Körper, abgewetzte Oberflächen, alles rezipierbar für jeden.

Körper und Räume wurden gebaut und geschunden, die Frauen um Nadja waren schön und beleidigt, da sie von allen immerzu angesehen wurden und ihr Körper nicht mehr ihnen gehörte. Als sie angemerkt hatte, dass das doch gar nicht das primäre Problem sei, hatten sie sie streng angeschaut.

Was sie damit denn jetzt sagen wollte, schließlich sei die Prägung durch das Patriarchat eine allumfassende.

Es geht um die Erfahrbarmachung, hatte eine Kommilitonin gesagt, die sich selbst splitterfasernackt in einen Darkroom gestellt und die Kamera so auf sich ausgerichtet hatte, dass sie live auf die Wände des Arbeitsraums projiziert worden war.

Natürlich war sie wunderschön, was sie eventuell auch ein bisschen so fand. Irrelevant wäre es trotzdem, da es nicht um sie als Privatperson, sondern die Frau als Spezies ging. Aber eigentlich wäre sie ja nonbinär.

Nadja hatte wahrscheinlich wieder etwas nicht richtig verstanden, da ihr schleierhaft blieb, wieso diese Hervorhebung überhaupt gemacht werden musste.

Der Körper war ohnehin überholt, dachte sie, er gehörte dem Menschen schon lange nicht mehr. Vielmehr war da etwas Körperloses, das sich gleichsam in sie alle geschlichen hatte und das auch bei Basquiat sichtbar wurde.

Je später es wurde, umso unruhiger wurde Nadja. Sie trank den letzten Schluck aus der Flasche Wein, die noch offen war, und sah Leuten auf YouTube dabei zu, wie sie irgendwelche Dinge machten. Sie schrieb eine Nachricht an Paul, der bestimmt noch am Institut war und an seiner Dissertation arbeitete. Was war noch mal sein Thema? Jedes Mal, wenn er damit angefangen hatte, war ihr Gehirn einfach irgendwann zusammengeklappt. Es war nicht so, dass sie es nicht interessierte, aber sie konnte ihm einfach nicht folgen.

Sie schrieb eine Nachricht an Clemens. Als Clemens auch nicht antwortete, wollte sie noch weitere Nachrichten versenden, wusste aber nicht, an wen. Ratlos scrollte sie ihre Kontakte durch und fragte sich, was sich die Leute denken würden, wenn sie sich jetzt bei ihnen melden würde. Wollte nur mal fragen, wie es so geht. Hihi. Ja klar.

Sie wischte durch die Galerie auf ihrem Telefon, in der sich nur Skizzen befanden, Entwürfe zu Bildern, die sie nicht fertiggestellt hatte, weil ihr irgendwo auf dem Weg der Faden abhandengekommen war. Wenn sie mit den anderen sprach, kam es ihr vor, als stünde hinter allem, was sie taten, immer das Unangreifbare und Nichtkritisierbare schlechthin. Das Gefühl.

Es ging um den niemals endenden Prozess, sich aus dem eigenen Kopf zu befreien. Das Erbe der Aufklärung war, dass sich alle den Kopf abschneiden wollten. Dabei waren doch alle so gut in der Selbstkritik. Kritisch mussten die Dinge beäugt werden, und vor allem stets man selbst. Le Guin hatte recht, dachte Nadja. Kreativität war längst zum Wettbewerbsvorteil verkommen. Kreativität war das Geschäftsmodell der Kapitalisten und Akademiker. Life in the Loophouse, sagte Nadja vor sich hin und starrte auf den Bildschirm.

Draußen gingen die ersten Flaschen zu Bruch, von irgendwo hämmerte ein dumpfer Beat. Vielleicht ging ja was, sie könnte es zumindest checken. Es müsste ja nicht gleich wieder die ganze Nacht sein. Sie ging ins Bad und linste nur kurz in den Spiegel, um sich zu vergewissern, dass sich keine geplatzten Adern oder offenen Wunden in ihrem Gesicht befanden. Das taten sie nicht, schlimm sah es trotzdem aus.

Schnell tuschte sie sich die Wimpern und wandte sich vom Spiegel ab.

- Hallo! begrüßte sie Torsten im Späti, der die Münzen in der Kasse sortierte.

Als er aufblickte, schüttelte er den Kopf.

- Schlecht siehst du aus, sagte er.

- Na ja, sagte Nadja. Macht ja nichts.

Sie holte ein Bier aus dem Kühlschrank und stellte es auf den Tresen.

Wieder schüttelte er den Kopf.

- Was ist *dein* Problem?

- Was ist dein Problem? sagte Nadja und beugte sich so weit über den Tresen, dass die Süßigkeitenschachtel auf den Boden fiel.

- Lass es gut sein. Du bekommst dein Bier.

Mit zusammengekniffenen Augen starrte Nadja jetzt auf seine Lippen, die er kurz nach innen sog.

- Gibts Probleme?

Einer der anderen war aus dem Lager gekommen und stellte sich neben Torsten.

- Ich nehm das hier, sagte Nadja, zeigte auf das Bier und stellte noch eine kleine Flasche Wodka auf die Theke. Und das auch. Und die hier. Willkürlich nahm sie Sachen aus dem Regal und legte sie vor die beiden Männer auf den Tresen, die sie todernst ansahen.

- Neunfünfzig, sagte Torsten.

Nadja legte einen Zehn-Euro-Schein auf den Tresen und ging auf die Straße, die plötzlich ein bisschen nachgab. Überall standen Leute herum. Sie sahen sehr gut aus, wie sie da standen. Hatten sich herausgeputzt und sahen wirklich aus, wie dahin gestellt. Das Schema funktionierte so: Einer laberte ... ein paar hörten zu, meistens waren es Frauen. Die sahen auch sehr gut aus mit ihren hoch sitzenden Jeans und bauschigen Blousons, die sie sich wahrscheinlich kleidererkreiselt hatten. Was war Nadja nur immer gleich so aggro? Sie musste sich einfach mal ein bisschen entspannen. Schließlich lebte sie ja in der absolut tollsten Stadt Deutschlands. Hinter den Schaufenstern saßen die jungen Leute auf lumpigen Sofas, rauchten und sprachen über politische Themen, wahrscheinlich Flüchtlingsschutz oder irgendwas mit Anarchismus. Bestimmt würden sie eine Lösung finden.

Getrunken wurde auch viel, und plötzlich war Nadja sehr froh um das Bier in ihrer Hand, weil sie mittlerweile ohne die ersten zwei Biere überhaupt gar nicht unter Menschen gehen konnte. Sie mochte *den Menschen* ja auch nicht. Er war ihr einfach zu abgeschmackt, wie er immer etwas tun musste, das irgendwie sinnvoll war. Warum konnten die Leute das nicht sein lassen. Es wäre ein so viel angenehmerer Umgang miteinander, wenn man nicht ständig schon von diesem maximalen Erwartungsdruck niedergeknüppelt werden würde, auch etwas wahnsinnig Sinnvolles tun zu müssen, über das man sich dann austauschen konnte. Aber man konnte ja auch einfach was erzählen, so wie die Auflaberer da auf der Straße. Genickt wurde immer, irgendwas Richtiges würde schon dabei sein im Gesagten.

Während Nadja so Richtung Karl-Heine lief, merkte sie, dass das Gehen seine Schwierigkeiten bereithielt. Die Straßen hier waren aber auch wirklich schlecht. Das waren schon so richtige Oststraßen. Um sich zu sammeln, hielt sie kurz an. Ein paar Mädchen kamen ihr entgegen und gingen sehr stabil dabei, in ihren Sneakers und Doc-Martens. Nadja hatte Doc-Martens immer für eine Hunderasse gehalten. Bis sie Schwarze Stiefel gegoogelt hatte, weil die plötzlich alle hatten. Aber Nadja standen sie nicht und waren außerdem viel zu teuer. Wo nahmen die Leute nur all das Geld her?

Fast hatte sie es geschafft. Wo wollte sie noch mal hin? Ach ja. Irgendwo rein, wo man weiter Bier trinken konnte. Ab und zu leuchteten Gesichter über kleinen Bildschirmen, das sah schon toll aus. Futuristisch, dachte Nadja. Dinge, die leuchten, fand sie schon immer gut. Deswegen war sie auch ständig so abgelenkt, weil überall etwas leuchtete oder blinkte. Die ganze Welt war ein Leuchtball. Und sie durfte auf ihr herumlaufen. Wenn das nichts war. Nur dieser Newsfeed auf dem neuen Telefon war wirklich unglaublich anstrengend. Begleitet von einem ständig vibrierenden Alarmsignal schlug viertelstündlich eine andere Weltnachricht auf einen ein. Wer konnte das alles lesen?

Nadja stellte die leere Bierflasche auf einen Mülleimerrand und betrat das Lokal. Drinnen lief klassische Musik, die sehr hymnisch klang. Bestimmt Wagner oder so, das gefiel den Deutschen doch immer. Es war sehr voll, und wieder hatte Nadja vergessen, dass man hier ja auch drinnen rauchen durfte. Sofort wurde ihr ein bisschen schlecht. Aber es gab ja noch das Bier, dachte Nadja und bestellte sich sofort ein Staropramen, das ihr auch sogleich gereicht wurde. Der Barmann war schon irgendwie gut mit seinen lackierten Fingernägeln und dem Hängeohrring. Was die Leute sich so einfallen ließen manchmal. Eigentlich war sie schon eine ziemlich langweilige Person, fand Nadja. Weil alle Tische belegt waren, setzte sie sich auf die Stufen in der Mitte, was sehr unangenehm war, weil jetzt auch Leute hinter ihr saßen. Damit konnte sie noch nie besonders gut umgehen, mit Menschen im Rücken. Sie hatte es gern an der Wand. Sie schlief auch so, immer an die Wand gedrückt. Paul war der Erste, mit dem sie in einem Bett schlafen konnte, weil sie es sonst nie ertrug, wenn jemand hinter ihr lag. Was er jetzt machte? Nadja sah auf ihr Telefon, aber immer noch war dort nichts. An der Bar stand ein großer Mann mit wallendem Haar und sehr auffallenden Stiefeln, die nach vorne hin spitz zuliefen. Dass ihm das nicht peinlich war. Überhaupt nicht war ihm das peinlich. Gestählt stand er da herum und nippte an seinem Rotwein, den er ein bisschen von sich weggehalten hielt beim Trinken, weil das Glas hier immer richtig voll gemacht wurde. Wäre ja auch schlimm, wenn da was auf die Schuhe gehen würde. Beim Trinken schob er den Mund jedes Mal exaltiert nach vorne, das musste doch wahnsinnig anstrengend sein. Aber die Menschen machten ja viel umständliches Zeug. Als er bemerkte, dass Nadja ihn anschaute, schaute sie schnell woanders hin, aber es war bereits zu spät. Verdammt. Warum musste sie auch immer so gucken andauernd. Der Abend hätte vielleicht noch ganz gut werden können, und jetzt bekam sie wieder so einen Weirdo ab. Da stand er auch schon in all seiner Größe vor ihr und sah aus wie die Mutter-Heimat-Statue im südrussischen Wolgoland.

- Wolgograd, sagte er, als er sich neben Nadja gesetzt hatte. Seine langen Beine hielt er umständlich verschränkt auf dem Boden. Es musste schon scheiße sein für so einen großen Menschen, hier so auf den kleinen Stufen herumzulungern. Warum nur tat er sich das an? Nadja wollte doch gar nichts von ihm.

- Das ist schon ziemlich interessant, wie in der Sowjetunion mit Stalin diese revolutionäre Proletkultkunst dann durch so eine Art Neoklassizismus und so einen Monumentalstil ersetzt wurde.

Da er sich solche Mühe gab, bemühte sich Nadja, ihm zu folgen.

- Ich meine, so unmittelbar um die Russische Revolution 1917 rum und bis Mitte der 20er-Jahren sind ja in der staatlich-revolutionären Kunst schon verschiedene Avantgarden sehr stark. Und diese Idee vom Neuen Menschen, wo es eigentlich keine Übereinkunft und auch kein klares Bild gibt, was der Neue Mensch eigentlich ist.

Es war schon ganz gut, was er alles wusste, dachte Nadja. Irgendwie war es doch auch niedlich, wie er da neben ihr herumaalte.

- Also die 30er-Jahre Stalinkunst ist brachial, monumental, over the top. Aber revolutionär?

Er dachte nach.

- Es heißt ja auch Mutter Russland. Und nicht Mutter Revolution. Wobei das ja auch mit dem Krieg zu tun hat. Der wurde ja weniger als Abwehrschlacht gegen den Faschismus oder für den Kommunismus geführt. Sondern eher so als großer Mutterländischer Krieg gegen die deutschen Teufel. Und Stalin wird zum Vater aller Väter.

Anfangs hatte Nadja ihn für einen hausgemachten Ariertypen gehalten, aber jetzt, da er so sprach, konnte er auch aus Dunkelrussland stammen. Aber mit den Gulags und den KZs war es ja auch irgendwie alles gleich.

- Also ich finde, gerade wenn man im Denken und Fühlen nach links tendiert.

Wie tendierte man denn anders? Kurz dachte Nadja darüber nach. Dann sprach er weiter.

- Ich finde, gerade dann sollte man die Augen nicht davor verschließen, welche unglaublichen Grauenhaftigkeiten der Kommunismus wirklich angerichtet hat. Und welche wirklich monströsen Systeme auf der Grundlage entstanden sind. Also ich glaube zum Beispiel, abgesehen von der Zielgerichtetheit des Holocausts war in Sachen Diktatur und Totalitarismus der sowjetische Stalinismus der Nazidiktatur um einiges voraus.

Er war jetzt ein bisschen näher an Nadja herangerückt und lehnte sich auf seinen hinter ihrem Rücken abgestützten Arm. Er roch auch gut. Irgendwie war es gar nicht so schlecht.

- Ja, ich mein, das soll den Holocaust nicht relativieren. Aber das ist eine ganz andere Schiene. Da ging es in bösartigem Hass darum, das Andere zu vernichten. Ich weiß nicht, wie ich das sagen soll, aber ... was erbarmungslose Machtpolitik angeht. Auch diese zweckgerichtete psychische Deformierung einer ganzen Gesellschaft. Ich mein, du musst dir mal vorstellen, es klingelt an deiner Haustür.

Sein Gesicht war jetzt ganz nah an Nadjas.

- Und nein, es ist nicht die GEZ, sondern der NKWD. Und es geht um deine Nachbarin, die wollen wissen, ob dir an der was aufgefallen ist. Und du weißt, entweder du sagst jetzt Nein und dann bist du wahrscheinlich selbst bald im Gulag. Oder du erfindest was über deine Nachbarin. Und bringst sie damit ins Gulag. Oder sie wird sogar gefoltert und getötet. Und es gibt keinen Weg raus. Du oder sie. Was das psychisch mit dir macht. Und das sind keine Horrorgeschichten, sondern das war neunzehnhundertsiebenunddreißig, achtunddreißig, neununddreißig Alltag.

Zumindest in Moskau und wo man nah an den Machtzentralen war.

Seine Beine waren jetzt ganz mit Nadjas verschlungen.

Wie lag sie denn da? Ihr ganzer Körper war vollkommen entglitten. Sie richtete sich kurz auf und ließ sich dann wieder sanft neben ihn fallen.

- Mein Vater ist Tscheche, sagte sie plötzlich.

Wieder trank er einen Schluck, was nun angenehmer anzusehen war, da er den Kopf nicht mehr so merkwürdig nach vorne schieben musste. So sah er definitiv besser aus.

- Ja? sagte er. Woher kommt er denn?

- Ostrava, sagte Nadja.

- Oh wow ... Da kennst du dich ja dann bestimmt voll aus. Böhmisch-Mährisches Protektorat und so. Das fand ich auch immer richtig spannend. Mein Opa ist Sudetendeutscher.

- Ach echt?

- Ja.

Der Abend war jetzt richtig gut. Und wie er da so neben Nadja saß und ihre Hand plötzlich ganz in seiner war. Richtig verliebt war sie da gleich. Aber eigentlich liebte sie ja Paul. Der war genauso klug. Paul hatte ja alles gelesen. Er hatte das verstanden mit der Welt, auf irgendeiner abstrakten tiefen Ebene hatte er das alles verstanden. Und es war ja auch ein großes Glück, dass er Nadja wollte. So jemanden zu haben, war doch das größte Glück. Aber der Dunkelrusse wusste auch echt richtig viel. Und er roch so gut. Und hatte wirklich schöne Hände. Mit so richtig langen Fingern. Wie Harald Schmidt.

- Bin gleich wieder da.

Er sah Nadja an und streichelte mit der Hand kurz über ihre Wange. Sie sah ihm hinterher, wie er die große Treppe nach oben nahm, wo er urinieren oder Kokain nehmen würde. Alle nahmen sie Kokain hier. Auch Christopher, der Nadja einfach nach Hause gefolgt war, als er mit den Drogen angefangen hatte. Im Treppenhaus gegen ihre Tür gehämmert hat wie so ein Stalker. Und danach wieder Umsturz propagieren. Was war nur los mit den Leuten, dass sie immer ein Behältnis suchten, in das sie sich ergießen konnten. Nadja merkte, dass sie wirklich fertig war. Nicht nur betrunken, sondern irgendwie anders fertig. Alles in ihr war ganz warm und die Farben wurden plötzlich ganz hell. Wie Scheinwerfer leuchteten die Menschen hier, obwohl der Laden doch ganz dunkel war in seiner Barkerzenlichtatmosphäre. Nadja dachte an Paul, der nie so etwas machte, wie mit anderen Frauen in einer Bar herumliegen und an ihnen riechen. Vielleicht war er auch schwul. Oder er nahm es einfach nicht so wichtig. Es war ja auch vollkommen hirnverbrannt. Sie beobachtete zwei herummachende Studenten, die aussahen, als wären sie direkt aus dem Berliner Nachtleben herausgefallen. In Berlin waren die Leute noch mal anders scheiße als sonst überall. Nadja hatte sich nie lange da wohlgefühlt. Berlin war einfach zu groß und zu schnell und zu viel. Berlin war keine Stadt zum Glücklichwerden. Aber darum ging es ja auch nicht. Nadja stand auf und torkelte direkt in den nächsten Tisch.

- Tschuldigung, sagte sie und merkte, wie die Leute gleich etwas von ihr weggerückt waren. Sie wollte wirklich nicht mehr hier sein. Draußen war es kalt und neblig. Der Heimweg dauerte ewig.

In voller Montur war Nadja auf dem Bett eingeschlafen. Es regnete und war dunkel, als sie aufwachte. Um zu überprüfen, wie spät es war, griff sie nach ihrem Telefon, fand es aber nicht. Sie setzte sich auf und hielt sich den Kopf mit beiden Händen. Ihre Strumpfhose hatte eine lange Laufmasche, die in ein großes Loch seitlich ihres Knies mündete. Das Knie war ganz blau, darunter klebte verkrustetes Blut. Laut begann Nadja zu lachen. Im Flur und in der Küche lag es auch nicht herum. Wo war es nur hin? Sie wühlte in der Tasche und fand es schließlich auf dem Boden neben dem Sofa. Wie war es dorthin geraten? Nadja wusste es nicht.

Es war ein Uhr mittags, auf dem Display befand sich eine Nachricht von Paul mit drei Fragezeichen. Was hatte das zu bedeuten? Lange blickte Nadja auf die Symbole. Plötzlich bekam sie ein immer schlechteres Gefühl dabei. Als sie in den Nachrichtenverlauf zurückklickte, wurde ihr sehr schlecht. *Ich liebe dich. Was machst du? Warum antwortest du nicht? Ich will mit dir schlafen. Ist dir alles egal? Fick dich doch! Du scheiß Penner.* Immer wieder hatte sie betrunken auf Paul eingeschlagen oder angefangen, nach ihm zu treten. Meistens erinnerte sie sich nicht daran. Sie wusste nicht, warum sie es tat. Irgendwann war sie einfach immer sehr wütend. Und Paul ließ sie dann warten. Er rief nicht an. Er antwortete nicht. Warum sollte er auch. Sofort wurde sie wieder wütend. *Kannst du keinen normalen Satz schreiben?* schrieb sie. Ihre Hände zitterten sehr stark.

Draußen regnete es immer noch, irgendwo lief Musik. Diesmal keine übertriebene Bassmusik, sondern dieser elendige Akustik-Müll. Warum fielen immer noch alle auf diese Gefühlsduselei herein. Man musste die anderen doch nicht mit der eigenen Traurigkeit penetrieren, fand Nadja. Ratlos zog sie ihren Geldbeutel aus der Tasche und überprüfte den Bargeldbestand, der sich sehr karg ausnahm. Irgendwie hatte sie es geschafft, ihre ganzen Ersparnisse nahezu gänzlich zu verprassen. Dabei war doch alles hier so billig. Sie verstand es nicht.

Auf der Suche nach ihrem Telefon waren ein paar Flyer aus der Tasche gefallen. Auf einem war ein hakenkreuzartiges Symbol abgebildet, das aussah wie die schwarze Sonne. Die sonst weiß gelassenen Teile waren in Regenbogenfarben ausgefüllt wie so eine Nazi-LSD-Plakette. Irgendwie hatten die Esoteriker und Faschisten doch alle die gleiche Wurzel. Als wären alle mal gemeinsam beim Geisteranrufen am Tisch beisammen gesessen und hätten spontan ihre Charakterlehren erfunden. Hatte Himmler die Arier nicht auch in Tibet suchen lassen? Es war schon ein großes fantastisches Spektakel.

Nadja ging nach draußen. Draußen war grau, der Himmel, die Fassaden, der bröckelige Baustellenboden, über den in verlässlichem Takt die Trambahn ratterte. In der Erdgeschosswohnung gegenüber saß der Postmann und nickte. Die Scheibe war mit einer durchsichtigen Folie zusammengehalten, das war jetzt schon seit Wochen so. Verlässlich nahm er die Pakete für die umliegenden Rumtreiber an, die wie Nadja am Wochenende die Stadt verließen oder unsinnigen Tätigkeiten nachgingen, obwohl sie eigentlich eine Dienstleistung eingefordert hatten. Wer ein Paket bestellte, sollte gefälligst auch darauf warten, dass es ankam. Menschen machten sich schließlich die Mühe und fuhren den ganzen Scheißweg zu einem nach Hause, dachte Nadja. Es musste der frustrierendste Job der Welt sein, wenn man von Wohnung zu Wohnung fuhr und dann waren alle weg. Vor Kaufland schmiss sie wie immer ein paar Münzen in den Kaffeebecher. Den Punks hatte sie einmal ein Sixpack gekauft, aber das wollten die gar nicht. Haben sich zuerst ratlos angeschaut und sich dann so ein bisschen fremd geschämt. Die hats nicht gecheckt, Mann. Die hats gar nicht gecheckt.

Drinnen wusste Nadja nicht mehr, was sie eigentlich wollte. Hier gab es alles, und nirgendwo roch es so wie bei Kaufland. Sobald sie durch die Tür trat, verlor sie sich völlig. Irgendwie hätte sie jedes Mal direkt losflennen können, aber sie wusste gar nicht, warum eigentlich. Sie bekam dann diese Weichheit. Langsam schlenderte sie durch die Gänge. Alles war so sorgfältig einsortiert von diesen lieben Menschen, die jeden Tag emsig sofort nachfüllten, wenn sich irgendwo eine Lücke auftat. Paul hatte auch mal bei Kaufland gearbeitet. Dabei war Nadja in München noch nie in einem gewesen. München hatte nur diese Drecksläden, aus denen man möglichst schnell wieder hinauswollte. Und dann gab es noch diese Bioläden, in denen die Leute 176,80 Euro für ihren Einkauf zahlten. Hier ging Nadja manchmal noch zu Lidl oder in diese Billigkaufhäuser. Zumindest war es hier einfacher mit dem Geld, außerdem gab es jetzt Mindestlohn. In München war sie ständig pleite gewesen. Miete, GEZ, Fahrkarte, Internet, Stromnachzahlung, Telefon, Schuhe kaufen, Essen kaufen, 15 Euro bei Netto, 33 bei Rewe. Socken bei Kick, gleich wieder kaputt. Es war ein Teufelskreis. Irgendwann war man einfach draußen. Wenn man es sich nicht leisten konnte, jeden Abend auf einer anderen Kulturveranstaltung herumzuhüpfen, schoss man sich früher oder später selbst ins Aus. Die meisten Kontakte gingen deswegen auseinander, weil einer nicht die Kohle hatte, den Selbstfindungsweg nonchalant zu bestreiten. Die Menschen sagten viele umständliche Dinge, um nicht zuzugeben, dass man nun den Punkt erreicht hatte, an dem man einfach lästig war, der Dorn im Auge beim sukzessiven Nestbau. Hat es halt nicht richtig geschafft. Das war dann doch ein bisschen unangenehm, mit so jemandem unterwegs zu sein. Man wollte sich ja nicht schlecht fühlen wegen so einem.

Zwischen den Kühltheken wurde Nadja unangenehm kalt. Immer noch wusste sie nicht, warum sie hier war. So viele Sachen gab es hier. Sie konnte nicht denken. Vielleicht sollte sie einfach eine Münze werfen. Der freie Wille war sowieso dahin. In ihrem Beutel befand sich mittlerweile ein Kanten Brot. Dabei aß Nadja nie Brot. Es war irgendwie immer so trocken. Auch mit was drauf wurde es nicht besser. Eigentlich fand sie Brot langweilig. Irgendwann hatte es diese Zeit gegeben, in der die Mütter alle angefangen hatten, wieder selbst Brot zu backen. Im ganzen Haus hatte es dann so säuerlich gerochen. Es war wie mit dieser Tupperware oder den Modeschmucksachen. Die Frauen hatten sich zusammengetan, selbst gebackene Käsekräcker oder Rohkoststäbchen mit fettarmen Dips gegessen und sich gegenseitig von Flyern oder aus Prospekten vorgelesen. Am Ende waren alle davon überzeugt, dass sie das jeweilige Utensil unbedingt brauchten. Heute konnte man so etwas manchmal noch in der Fußgängerzone in diesen ganzjährig aufgebauten Marktbuden sehen, wenn der Superschneideguru sein Superschneidebrett vorführte oder mit dem Gemüsezerkleinerer beeindruckend viele Zucchinis hintereinander vor dem begeisterten Publikumsvolk in horrend kleine Teile zerschredderte. Eigentlich schredderte nur das Gerät, der jeweilige Mensch stand nur daneben und schaute in die beeindruckte Menschenmenge. Dabei hatte er die Maschine nicht mal erfunden. Was für ein lahmes Leben.

Zu Hause schnitt Nadja eine dicke Scheibe von dem Brot ab und schmierte eine Schicht Frischkäse drauf. Der Frischkäse machte das Brot noch trockener. Sie legte das Brot weg. Vielleicht hätte sie auch Gemüse kaufen sollen zum Drauflegen. Vielleicht hätte es das Brot feuchter gemacht. Aber immerhin war es normales Brot, mit Gluten und ohne Superfood. Was war das eigentlich genau?

Im Internet las Nadja, dass Gene Wilder gestorben war. Es war das Jahr, in dem alle starben. Einer nach dem anderen biss ins Gras. Angefangen hatte es mit Bowie. Seit ihrer Kindheit hatte Nadja Bowie gehört. Irgendwann hatte sie diesen Film mit ihm gesehen, in dem er den Bösewicht in einem Labyrinth spielte, durch das die blutjunge Jennifer Connelly irrte, um ihren Bruder bis Mitternacht aus den Fängen der dunklen Bande zu befreien. Nadja hatte den Film jeden zweiten Tag geschaut und sich vorgestellt, wie sie für immer mit David Bowie in einer großen elfenbeinfarbenen Blase sein würde. Immerzu hatte sie an Bowie gedacht und schließlich ihren Vater gefragt, ob es nicht möglich wäre, Bowie kennenzulernen.

- Was willst du denn von David Bowie?

- Ich liebe ihn.

Marek hatte gelacht, Agnes betreten geschaut. Dabei wusste sie gar nicht, wer David Bowie war. Nadja hatte es ihr erklärt, aber sie hatte es nicht verstanden. Jahre später erklärte sie es ihr erneut.

Als Nadja Blackstar zum ersten Mal gehört hatte, war sie erstarrt. Es war, als hätte sie den Tod auf eine unbestimmte Weise berührt, ohne dass sie zu dem Zeitpunkt daran gedacht hatte, dass Bowie hätte sterben könnte. Sie hatte gar nie daran gedacht, dass Bowie sterben könnte. Bowie war keiner, der starb. *Look up here man, I'm in danger*, sang Bowie jetzt in Lazarus, zog sich am Ende des Musikvideos in den Schrank zurück und wurde zu dem Namenlosen, das Nadja als Kind schon in tiefste Furcht versetzt hatte, wenn sie nachts die Schranktür angestarrt hatte und aus Angst vor dem versteinert war, was unsichtbar blieb. Wie Michael

Myers in Halloween. Im Endeffekt saß der Tod das ganze Leben über im Schrank und man begnügte sich irgendwann damit, dass es nur eine dumme Einbildung war. Der ganze Spuk, bloße Hexerei. Aber Bowie wusste es besser und fuhr das ganze Tableau auf. Den Kult der Ausgestoßenen, die Riten zwischen den Lebenden und den Toten, den Exorzismus eines Planeten, der nur seine Hülle behielt, weil er es geschafft hatte, hinter der Ästhetik zu verschwinden. Natürlich hassten ihn alle dafür. Heute drehte sich doch alles um das Subjekt. Hinter repetitiven Chorälen kippte die Musik vom beschwörend Getriebenen ins erhaben Soulige, und man sah Bowie auf dem verstaubten Dachboden tanzen, bis währenddessen oder irgendwann anders oder immer schon ein kultischer Frauenkreis das lovecraftartige Wesen heraufbeschwor, das die gekruzifixten Vogelscheuchen innerlich verbrennen ließ wie Vampire unter Tageslicht. Darunter wirkte die Welt wie eine Fläche, eine kleine, poröse Anordnung von Dingen, über denen Bowie stand wie der Verkünder des Letzten, und das sternerne Buch in der ausgestreckten Hand hielt, die Hoffnung auf eine neue große Erzählung, oder eine transzendentale Idee. Natürlich machte das alle furchtbar wütend. Was dachte der Mann, wer er ist? fragten die Leute. War er ein Apostel? Oder gar Maoist? Schändlich, was er sich einbildete. Nadja lachte. In den Artikeln las man die immer gleiche Leier vom Spaceman, der vom Himmel gefallen war, dem Engel oder Außerirdischen oder arroganten Wichser Major Tom, der einen jetzt auch noch mit solch verklausuliertem Arty Shit zurückließ. *At the centre of it all,* sang Bowie in Blackstar, und Nadja hatte zuerst immer verstanden *at the center of ignore.*

Das Album war am 08.01.2016 erschienen, Bowies 69stem Geburtstag. Am 10.01. war er tot. In den darauffolgenden Monaten ging es weiter. Nancy Reagan, George Martin, Guido Westerwelle, Howard Marks, Prince, Margot Honecker, Muhammed Ali, Bud Spencer und nun Gene Wilder. Nadja konnte sich nicht mehr an alle Namen erinnern, aber auf jeden Fall soffen die Leute ab und kamen nicht zurück.

Im Bus nach München hatte sich so ein Jogginganzugträger neben Nadja gesetzt, so ein Anzug von der totalen Assi-Sorte in Nylontürkis, aber dazu Sneaker. So typisch diese ganz Hippen, so was kam immer aus Berlin und schwappte dann hier rüber, weil denen da zu langweilig wurde in ihrer Stilepidemie. Wieder so einer, der die Kontrolle über sein Leben komplett verloren hatte, dachte Nadja. Er trug eine von diesen Trotzki-Brillen und hatte wirre, etwas vom Kopf wegstrebende Haare, die so aussahen, wie man gerne aussehen würde, wenn man gerade erst aufgestanden war, es aber in Wirklichkeit nie tat. Nadja hatte noch nie verstanden, wie die Leute das anstellten, mit diesem Out-of-Bed-Look. Wieder so eins von diesen Dingen, die in Wirklichkeit nicht existierten. Wie klapperdürre Frauen mit Riesentitten. Wie sie schon wieder dachte. Titten. Wahrscheinlich hatten die Frauen schon recht und Nadja war eine fiese Sexistin. Es ging doch darum, gerade nicht die Wörter zu benutzen, die das Falsche reproduzierten. Paul sagte das auch immer, dass die Worte immer auf etwas verweisen würden. Oder dass sie quasi dann Wirklichkeit wurden. Oder so ähnlich. Deswegen sagte Nadja auch nicht viel, wenn sie mit Pauls Leuten unterwegs war. Die waren alle so klug und philosophisch und Nadja war sich nie sicher, ob sie verstanden hatte, worüber gerade geredet wurde. Das war schon okay, weil sie ja Kunst machte. Kunst war anerkannt, da musste man nicht intellektuell sein. Außerdem fanden das alle gleich so angenehm mystisch.

Das erste Mal hatten Paul und Nadja sich auf einer Kunstakademie-Party getroffen. Da sie schon ziemlich betrunken gewesen waren, wusste Nadja nicht, ob es Zufall oder Kalkül gewesen war, dass sie irgendwann zusammen auf der großen Treppe vor dem Eingang standen und dann einfach losliefen. Und dann hatte sich alles so leicht angefühlt, als würde sich Nadja in der Mitte befinden, nicht nur in der Mitte dessen, was sie umgab, sondern inmitten von einfach allem. Alles um sie herum war offen und freundlich, und als sie Paul durch die Menge hindurch angesehen hatte, waren all die Gegenstände im Raum nach der Position seines Körpers ausgerichtet gewesen, als würden alle Blickachsen auf den einzigen Fluchtpunkt zusammenlaufen, der *Er* war.

Als der Bus den Münchner ZOB erreichte, stieg der Jogginganzugmann aus, ohne etwas zu sagen. Normalerweise sagte man wenigstens noch *Also dann.* Manche sagten auch so merkwürdige Dinge wie *Man sieht sich* oder *Bis später*, aber der da sagte einfach nichts und schaute Nadja nicht einmal an.

Als sie Pauls Wohnung erreichte, war sie vollkommen erschöpft.

Diesmal durfte sie es nicht versauen. Sie würde jeden Schwachsinnsimpuls unterdrücken. Sie durfte einfach nicht so viel trinken, dann würde es schon gutgehen.

- Ich muss noch einkaufen, sagte Paul, noch bevor Nadja ihre Tasche im Flur abgestellt hatte.

Es war das sich wiederholende Spiel ihrer Wiederankunft bei ihm, wie das immer gleiche Scannen der Fahrtickets und die zu kalt eingestellte Klimaanlage, die Nadja in einer Mischung aus völliger Gleichgültigkeit und übertriebener Scharfstellung aus der Stadt hinausgerissen hatte. Hinein in das sich verengende Gefühl im Zwerchfell beim Anblick der untergehenden Sonne auf dem BMW-Haus und der Allianzarena, an Plätzen und Brücken vorbei, auf denen Nadja sich noch als blassen Schemen stehen sehen konnte, der sich auf den vielen Wegen abgeschlissen hatte und zu einer fremden Geschichte geworden war.

In Pauls Zimmer setzten sie sich aufs Bett, Nadja küsste seinen Bauch und kniete sich vor ihn. Er knetete ihre Brüste und fuhr ihr mit der Hand durch die Haare. Nadja zog ihm das Kondom über, steckte ihre Finger in den Mund schob sie sich zwischen die Beine, bevor sie sich auf ihn setzte. Als sie merkte, dass er kurz davor war, bewegte sie sich schneller, legte seine Hände auf ihren Hintern und sah ihm dabei zu, wie er kam.

- Was willst du heute Abend machen? fragte Nadja.

- Ich plane nicht immer alles, sagte Paul und hob die Hände dabei. Auf was hast du denn Lust?

- Weiß nicht.

Draußen regnete es.

- Wir könnten ins Kino gehen.

- Könnten wir.

- Wir können auch hier bleiben.

- Sag einfach, worauf du Lust hast.

Er zog sich an, während Nadja nach Ideen kramte. Nichts fiel ihr ein. Ihr Körper war bleiern. In ihr war überhaupt keine Lust.

- Michael hat ein paar Leute eingeladen, sagte Paul, nur dass du Bescheid weißt.

- Okay.

- Okay.

Paul sah Nadja an wie einen Kaputtgegangenen, jemanden, über den man sich denkt, *so* wolle man nicht enden.

Später saßen sie mit Menschen in der Küche, wo Nadja Paul über seine Dissertation erzählen hörte. Sie zog einen Strich durch den Staub auf dem Tisch. Jemand sagte das Wort *Rhizomatik* und Nadja musste an Rhinozeros denken und wusste, dass es keinen Zusammenhang zwischen diesen Begriffen gab, und sagte dann ganz leise das Wort *Rhinozeros* vor sich hin, immer wieder. Sie sah Paul und Michael nebeneinandersitzen, und in Pauls Augen lag eine Zustimmung wie in dem Satz *Wir waren noch im Kino mit Michael* und Nadja fragte sich, wann es angefangen hatte, dieses Im-Plural-Reden. Warum konnte er nicht sagen *Ich war noch im Kino mit Michael*, was war so schwer daran, normale Sätze zu bilden. Und immer ging es um diesen Derrida und Guattari. Oder nein, das war der andere, der Deleuze. Also irgendwas mit Strukturen, die dann die einzelnen Elemente als Elemente funktionieren ließen. Oder als Ganzes? Und was war noch mal mit der Wirklichkeit? Die gab es irgendwie nicht mehr. Nadja rieb sich den Kopf.

Ratlos stand sie herum und schaute zu, wie die jungen Männer sich gegenseitig darniederredeten. Gebannt und wissenserfüllt saugten sie an ihren Zigaretten und lachten leise in sich hinein. Generell sprachen sie sehr leise und hielten sich manchmal beim Reden so komisch die Hand vor den Mund.

Nadja fühlte sich plötzlich unendlich müde. Nicht einfach nur schläfrig, sondern richtig innerlich tot.

Sie stellte sich unter die Dusche. Es half nichts. Vielleicht sollte sie sich einfach mal hinlegen.

Im Türrahmen zur Küche blieb sie stehen und teilte den Männern ihren Entschluss mit.

Die schauten jetzt alle sehr peinlich berührt drein.

Ach ja richtig. Sie war ja auch nackt.

- Bist du verrückt geworden?

Sofort hatte Paul Nadja in sein Zimmer gezerrt.

Trotzig sah sie ihn an.

- Ehrlich, Nadja, was ist los mit dir?

Er hatte recht, schämen sollte sie sich. Die waren jetzt bestimmt alle unendlich verstört und für alle Jahre traumatisiert. Schnell zog sich Nadja wieder an.

- Ist doch nichts passiert, sagte sie.

- Darum geht es ... Paul rieb sich die Augenbrauen.

Es war dies wohl der Punkt, an dem nichts anderes blieb, als zu gehen. Wie hatte sie das nur schon wieder geschafft? Schweigend sammelte sie ihre Sachen ein und verließ die Wohnung.

Es war die tote Stunde, nichts fuhr. Die Straßen waren ruhig und leer. Am liebsten hätte sich Nadja einfach auf den Boden gelegt. Als sie später das Reihenhaus erreicht hatte, schaute sie vom Sofa aus in den kleinen Garten, in dem ein leichter Nebel hing.

Am späten Vormittag erwachte sie vom Geräusch des Geschirrs in der Küche, in das sich die leisen Stimmen der Eltern gemischt hatten.

- Na, sagte Marek, als Nadja die Schiebetür öffnete und befürchtete, das Zimmer könnte jeden Moment in sich zusammenfallen.

- Willst du dich nicht setzen, fragte Agnes und schenkte Nadja eine Tasse Kaffee ein. In ihren Bewegungen lag das Bemühen um eine Entspanntheit, die ihr nicht gelang.

Nadja setzte sich, nahm die Tasse in die Hände und befand sich sofort im Innersten größter Furcht.

- Ich will einen Freund in Dresden besuchen, sagte ihr Vater und biss in sein Marmeladenbrot. Ich kann dich fahren, wenn du magst.

- Ich habe mein Ticket schon, sagte Nadja.

- Na und, mit dem Auto ist es doch viel angenehmer. Wenn du nichts dagegen hast, bleibe ich eine Nacht in Leipzig und fahre morgen früh weiter. Ich werde dich nicht stören. Er blickte sie nur kurz über die Ränder seiner Lesebrille hinweg an und las dann wieder in der Zeitung.

Als sie losfuhren, war Nadja mit einem Mal so dankbar, dass sie im Auto sofort einschlief und erst wieder aufwachte, als der Wagen unter einem leichten Holpern zum Stehen kam.

- Na, sagte Marek wieder und lächelte sie mit diesem Ausdruck in seinem Gesicht an, der etwas Schelmisches und Altersloses hatte. Ich muss tanken. Hast du Hunger?

Obwohl sich Nadjas Magen immer noch anfühlte wie eine Faust, stieg sie aus dem Wagen. Sie bestellten einen Cappuccino, und Marek aß eins von diesen süßen Croissants, die er auch früher immer an Raststätten bestellt hatte, wenn sie eine Pause eingelegt hatten. Durch die zwangsbelasteten Zwischenstopps der Fernbusse, die Nadja regelmäßig in völlige Verlorenheit gestürzt hatten, hatte sie ganz vergessen, wie angenehm sie früher diese kleinen Raststättenpausen gefunden hatte, für die sie vor der Fahrt bereits Brote geschmiert und Gemüse geschnitten hatten und alles aßen, was zu Hause während ihrer Abwesenheit schlecht geworden wäre, und in denen ihr Vater trotzdem immer eins dieser süßen Teilchen zu seinem Kaffee bestellt hatte. Plötzlich fing Nadja an zu reden und hörte nicht mehr auf. Sie erzählte ihm von ihren Versuchen, von den Dingen, die sie gelernt hatte, von Mariam, davon, wie sich alles verändert hatte. Von der Notwendigkeit der Routine, der Isolation. Sie erzählte ihm vom Alltag in Leipzig, von den Menschen, die all die komischen Dinge machten, von den abendlichen Gesprächen mit Clemens, und merkte, dass sich allmählich eine Beschränkung auflöste, die sie über die ganze Zeit hinweg mit sich herumgetragen, die ihren Blick für die Dinge verstellt und sie vor dem verschlossen hatte, was sie unmittelbar umgab. Während Nadja erzählte, ging Mareks Schmunzeln manchmal in ein breites Lachen über, das nichts Herabwürdigendes oder Überlegenes hatte, sondern von irgendeinem sicheren Ort in ihm selbst kam, während nur in seinen Augen etwas lag, das Nadja ihn nie ganz erfassen ließ, wie einen stillen Raum, den nur er kannte, in dem er alleine war.

Als sie Leipzig am späten Nachmittag erreichten, regnete es in Strömen. Sie trugen ihre Sachen in die Wohnung, und die schlagartig sich aufdrängende Unruhe verschwand in dem Moment, als Marek vorschlug, etwas essen zu gehen. Er hatte ein kleines Lokal nahe des Clara Parks aufgetan, das er von früher kannte und durch dessen große Scheiben man das im Regen hängende Grün betrachten konnte. Sie bestellten sich jeder etwas zu essen und zwei Flaschen Wein.

- Der schwarze Peter, sagte Marek und aß ein hübsch arrangiertes Stück Fleisch, wird von den Professoren einfach an die Studierenden zurückgegeben. Wasser wird zu Eis, der eigene Geist erstarrt, und dann wird erwartet, dass das alles auch so in den Köpfen der anderen ist. Aber weißt du, kurz legte er die Unterarme neben dem Teller ab: Mit dem, was wir wollen, sagte er, verraten wir immer jemanden, der uns nahesteht.

Als sie aufbrachen, gerieten die Ereignisse der letzten vierundzwanzig Stunden so schonungslos ineinander, dass ihr Puls beschleunigte und sie gleichzeitig gegen eine Wand fuhr.

- Na, sagte Marek an der Tramhaltestelle.

Als er den Arm um sie legte, fing Nadja an zu weinen. Ein erneuter Redeschwall überkam sie, aber es war ein anderer als noch zuvor an der Raststätte. Es entlud sich nichts in ihm, vielmehr brachte er die Dinge wieder in die Realität zurück und damit in eine tiefe Unverrückbarkeit. In der Tram heulte und redete sie weiter, die Leute starrten sie an, und Nadja wusste, dass es ihrem Vater unangenehm war. Dass es kein Problem gab zwischen ihnen, solange sie sich auf Augenhöhe über die Bereiche austauschen konnten, die sie teilten, aber dass er es nicht ertragen konnte, wenn Menschen ihr Leid öffentlich zur Schau stellten.

Als sie wieder in der Wohnung angekommen waren, meinte er, er müsse am nächsten Tag bald fahren, Nadja könne sich ruhig ausschlafen. Sie hatte ihm ihr Bett zur Verfügung gestellt und schlief selbst auf dem Sofa.

Am nächsten Morgen war er bereits vor Nadjas Wecker geduscht und angezogen. Sie beeilte sich, Kaffee zu machen und ein bescheidenes Frühstück anzurichten, da sie nicht viel in der Wohnung hatte.

- Kein Problem, sagte Marek und setzte sich wortlos auf das Sofa, auf das sich neben ihn zu setzen Nadja plötzlich unmöglich erschien. Er meinte, er würde mindestens eine Nacht bei seinem Freund in Dresden bleiben, wenn sie noch etwas bräuchte, sollte sie sich einfach melden. Nadja nickte und schluckte einen neuen Schwall an Verzweiflung herunter, die dadurch ausgelöst wurde, wie er an diesem Morgen mit ihr sprach, so als wäre die Verbindung der letzten Tage für immer unterbrochen.

Als sie ihn zum Auto brachte, küsste er ihre Stirn und fuhr los, ohne sich noch einmal umzusehen, während Nadja auf der Straße stehen blieb und auch dann immer noch in seine Richtung schaute, als nichts mehr darauf hinwies, dass er gerade noch da gewesen war, außer der Tasse Kaffee, die er in die Spüle gestellt hatte und die Nadja bis zum Nachmittag nicht wegräumen konnte.

Auf der Rückfahrt war er mit 180 Km/h in einen Lkw gerast. Er lag noch drei Tage auf der Intensivstation, bevor er starb. Nachdem sie bei ihm gewesen waren, stand Nadja reglos im Flur des Krankenhauses, in dem das Abendlicht so sehr flimmerte, dass es schien, als würde der Himmel erst möglich durch diese einfallenden Fluten, die sich durch die langen weißen Vorhänge der Gänge geschoben hatten. Nadja dachte an Clemens, und in der Erinnerung lief jede Bewegung gegen null, als würde alle Existenz in diesem Augenblick in eins fallen, in eine bloße Ansammlung all dessen, was ist, ohne Zukunft und ohne Vergangenheit. Als sie die Hand ihres Vaters zum letzten Mal berührt hatte, war es, als würde die Einsamkeit seines ganzen Lebens auf sie übergehen, wegen der sie sich immer schon nur wie durch eine Scheibe betrachtet hatten, an der sich ihr Dasein brach und damit alle Systeme, die man sich schuf, um zu vergessen, wie es endet. Der Ort, an dem sich Marek jetzt befand, war der gleiche wahre und beängstigende Ort, an dem er gemalt hatte und der sie nun mit dem Schmerz zurücklassen würde, der kommen und das Einzige bleiben würde, das den Fortlauf der Zeit unterbricht als die Erinnerung an das Leben.

IV

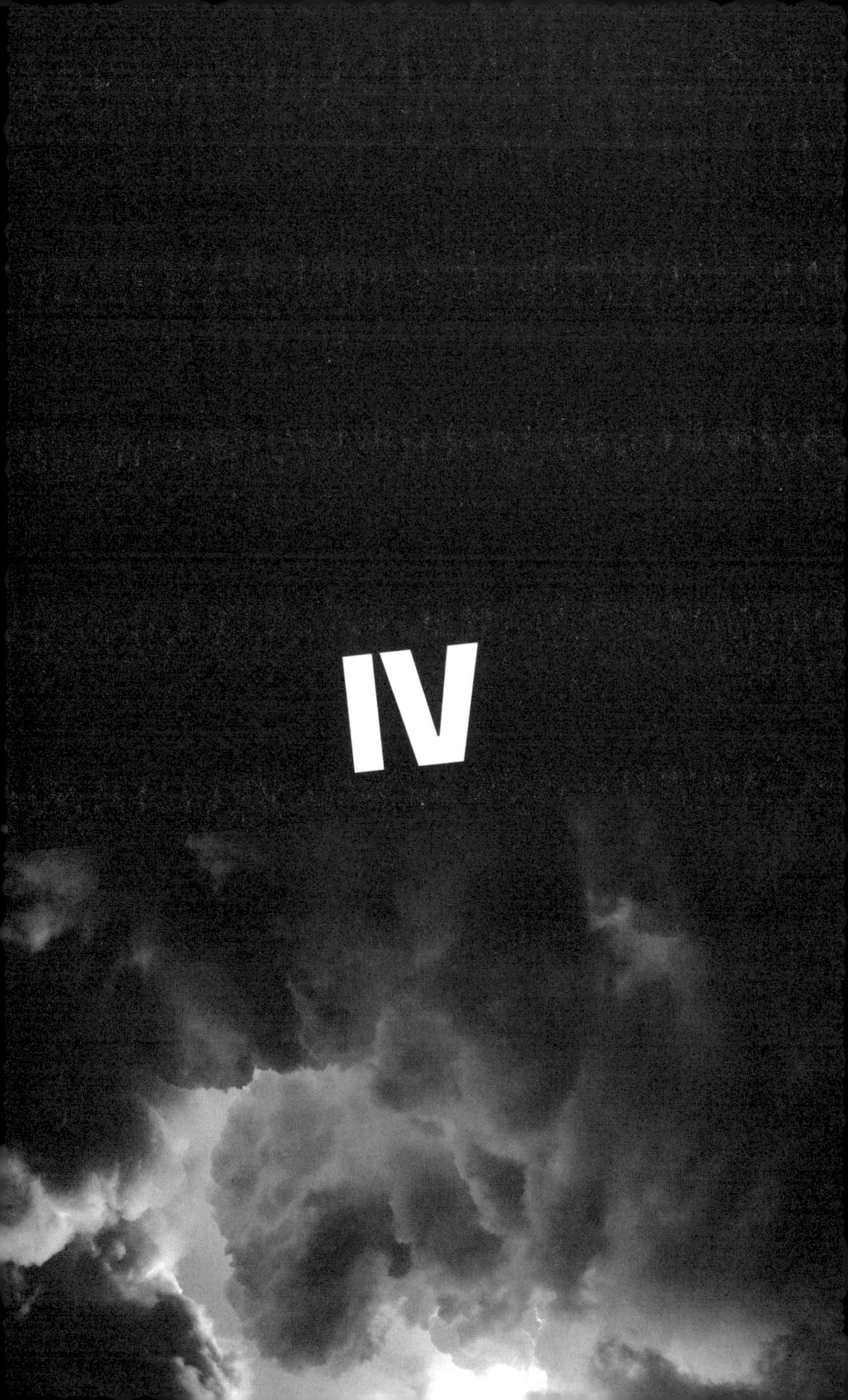

Ehrlich gesagt ..., sagte die Frau, der Nadja jetzt gegenüber saß, und rieb sich die Stirn.

Es war schon ein langer Arbeitstag gewesen und jetzt auch noch das.

- Also, fuhr sie fort, vielleicht können Sie noch mal formulieren, was genau Ihr Problem ist.

Nadja umklammerte im Sitzen die Griffe der Krücken und erklärte, warum sie hier war.

- Und was wäre jetzt ein für Sie zufriedenstellendes Ergebnis nach unserem Gespräch hier?

Nadja verstand nicht. Sie war doch die Ärztin, was wollte sie also von ihr hören?

- Na ja, sie scheinen ja in der Krise bewandert, sagte die Frau, nahm ihre Brille und legte sie vor sich ab.

Von draußen drang das kristalline Frühwinterlicht hinein, das die Kälte in den Fensterscheiben reflektierte.

- Wie im Film, haben Sie gesagt.

- Falscher Film, sagte Nadja, wie im falschen Film.

Wieder sah die Frau sie an.

- Es sind schon Grundzüge da, sagte sie, und wich mit ihrem Blick nicht von Nadja, dissoziative Züge. Aber ich müsste Sie auf jeden Fall noch mal sehen, um zu wissen, ob eine Medikation in Ihrem Falle Sinn macht.

Ob sie wirklich klinisch depressiv sei. Die Hormone würden da ja auch eine Rolle spielen.

Mit dreizehn hatten ihre Eltern sie das erste Mal zu einem Therapeuten gebracht. Irgendetwas an ihr war ihnen merkwürdig vorgekommen, das Kind wollte nicht so richtig funktionieren. Immer war es so komisch stumpf, und außerdem sprach es so wenig, das machte keinen guten Eindruck in der Öffentlichkeit. Der Therapeut war Ende fünfzig und ein sehr netter Mann gewesen. Nähe der Schwanthalerhöhe war Nadja wöchentlich in sein Parterreuniversum aus Büchern und Krimskrams hinabgestiegen, für Kinder aufbereitete Erklärmodelle. In seiner Praxis gab es einen kleinen viereckigen Ikea-Tisch, an dem sie sich nun jede Woche gegenübersaßen und wenig redeten. Eigentlich hatten sie kaum miteinander gesprochen. Er hatte viel gelächelt und auf Nadja einen sehr ausgeglichenen Eindruck gemacht. Sie hatte nahezu nichts über ihn erfahren. Er hatte sie nur immer mit dieser Miene angesehen, die für sie fortan mit dem Miteinander um diesen kleinen Ikea-Tisch verbunden geblieben war, an dem sie unablässig Scherenschnitte aus Papier anfertigten, die der Therapeut dann in die Fenster gehängt hatte. Obwohl die Erinnerung an diese Zeit für Nadja eine durchweg gute war, schien das Ergebnis noch nicht ganz befriedigend gewesen zu sein. Mit vierzehn sprach sie noch weniger. Das Mädchen wollte einfach nicht auf die Fragen antworten, die ihr gestellt wurden. Ein komisches Kind, fanden die meisten und wandten sich lieber dem anderen Kind zu, das nicht kaputt war, sondern schon drei Jahre vor dem Abitur wusste, dass es die Fortschritte der Zukunftstechnologie voranbringen wollte. Mit neunzehn fand sich Nadja wöchentlich im zweiten Stock einer Altbaupraxis wieder, die sich mehrere Therapeuten teilten. Diesmal hatte sich ihrer eine Frau angenommen, deren genaues Alter für Nadja bis zum Schluss undefinierbar blieb. Sie war nicht mehr jung, aber schien gleichzeitig so, als wäre sie es nie gewesen. Sie war groß und hatte ungewöhnlich lange Beine, die sie wie selbstverständlich an sich trug, obwohl sie nicht ganz zu ihrem üppigen Vorbau passen wollten. Eine sich zufällig ereignet habende proportionelle Entgleisung an Stellen, an denen es von Natur aus nicht vorgesehen war. Einerseits war Nadja sich sicher, dass die Therapeutin sich dieses ungerechten Zufalls bewusst sein musste, andererseits war sie extrem darauf bedacht, ihr Äußeres so schlicht wie möglich zu halten. Sie trug einförmige Kleider oder Hosenanzüge und einen dezenten Lippenstift. Obwohl sie im kulturellen Bildungsbürgertum unterwegs war, schien sie von Anfang an etwas gegen das Milieu zu haben, aus dem Nadja stammte, und betitelte ihre Museumsjobs als Höhere Töchter-Angelegenheiten. Nadja hatte die Arbeit im Museum immer gehasst. Sie mochte die Leute nicht, die sich zurechtgemacht hatten, um sich anzuschauen, was sich ein anderer ausgedacht hatte, und danach voll kultureller Pflichterfüllung wieder mit ihren ratlosen Leben weiterzumachen. Sie hasste das stundenlange Stehen und Leute-Ermahnen, dass sie der Kunst nicht zu nahekommen durften, die irgendwelche Galeristen ausgesucht hatten, weil sie so zeitlos oder so zeitgeistig war. Es war das Gegenteil eines Höhere-Töchter-Jobs, es war das Unten der verleugneten Hierarchie, in der Leute Geld dafür bezahlten, dass sie auf einen herabsehen konnten. Für einen Job im Museumsshop hatte es nie gereicht, wahrscheinlich da sie im Umgang mit Menschen zu behindert war. Als sie der Therapeutin schließlich erzählt hatte, dass sie mit zu vielen Männern schlief, hatte diese entgegnet, dass es würdelos sei, sich zu verhalten wie eine Hure. Nach zwei Jahren Analyse hatten sie sich also nichts mehr zu sagen, und die Therapeutin wünschte ihr alles Gute. Es brachte einem nichts zu begreifen, was die Eltern für Menschen waren, um den Brand zu löschen, vielmehr kippte man Benzin in das Feuer irgendwo tief unten in einem und musste gleichzeitig verhindern, dass die Rauchschwaden nach oben zogen.

Heute ging jeder zweite in eine Praxis und ließ sich Medikamente verschreiben. Das Problem lag offensichtlich im Subjekt. Was hatten sich die Leute nur so? Es war doch alles da zum Glücklichsein.

Die Praxis von Frau Karen-Heu lag zwischen Giesing und Grünwald, in einem ruhigen Viertel, in dem es nichts gab außer Mehrfamilienhäusern. Ein bisschen erinnerte Nadja die Gegend an die amerikanischen Vororte aus Collegefilmen, in denen alle in schönen

Häusern mit einer weitläufigen Veranda oder einer ausladenden Treppe wohnten. Sie hatte sich oft gefragt, warum es kaum Coming-of-Age-Filme von Nicht-Wohlstandskindern gab, Jugendlichen, die nicht im bürgerlichen Amerika lebten, sondern zum Beispiel an der Southside. Gleichzeitig wunderte sie es, wie anfällig sie für diese Verbindung aus Vororthäusern und Dinerparkplätzen war, als würden sie sie an eine tiefe Sicherheit erinnern, obwohl es ein Märchen war, die Fiktion eines Lebens, das vollkommen außerhalb ihrer Erfahrungswerte lag und damit auch jeglicher Vorstellung. Es waren vor allem Filme aus den 90er-Jahren, in denen die Zeit keine feste Größe zu sein schien. Sie war vielmehr fluid und vereinte etwas in sich, das historisch nicht richtig markierbar war und vielleicht auch in den späteren Filmen versucht wurde, wiederherzustellen, wie eine allgemeingültige Nostalgie, die für eine Zeit stand, die es so nie gegeben hatte. Es war wie das Heimweh nach einem Ort, an welchen man nicht zurückkehren konnte, weil er nicht existierte. Aber in Wirklichkeit gab es in dieser Vorortromantik keine Sicherheit, sie war die Hölle der Vorstadt und der Familie, überdeckt von aufgeladenen Elementen und in Sonnenlicht gefluteten, breiten Straßen.

Die Praxis selbst befand sich im ersten Stockwerk eines schmal nach oben hin geschnittenen Hauses mit einem kleinen Balkon und einer hellen großen Glastür, durch die Nadja unentwegt nach draußen blickte, hinein in die Äste der Bäume, hinter denen man die anderen Häuser nur vermuten konnte, sie aber nicht sah, obwohl sie auf dem Weg gerade noch an ihnen vorbeigelaufen war.

- Also, sagte Frau Karen-Heu plötzlich und blickte auf das Hochbeet in der linken Ecke das Balkons, das Nadja bis dahin noch gar nicht aufgefallen war. Als sensibler Mensch, sagte sie, ist es vielleicht so, da gibt es vielleicht einfach Bereiche im Leben, die dann nicht so geeignet sind.

Wie sollte sie das dem Mädchen nur wieder beibringen. Diese jungen Leute hielten einfach nichts mehr aus.

- Man hat sowieso keine Kontrolle über nichts, was meinen Sie. Schauen Sie, Sie haben Ihre ganz eigenen Fähigkeiten.

Kurz blickte sie auf die unbeschriebenen Formulare in ihrem Schoß und sah dann wieder Nadja an.

- Müssten Sie nicht mit mir über meine Kindheit sprechen? fragte sie.

- Ehrlich gesagt, sagte Frau Karen-Heu, nein.

- Gut, sagte Nadja. Denn es kann sein, dass es nicht funktioniert.

- Ach was.

Eine Weile saßen sie sich noch schweigend gegenüber und betrachteten abwechselnd das Gestell auf dem Balkon, auf dessen Brüstung bewegungslos eine Krähe saß.

- Wie geht es Ihnen jetzt? fragte Frau Karen-Heu.

Nadja wusste es nicht. Je mehr sie darüber nachdachte, umso unklarer wurde ihr selbst, was genau das Problem war. Wahrscheinlich gab es gar kein Problem. Sie musste nur endlich aufhören, sich so anzustellen.

Nachdem sie noch zwei weitere Erstsitzungen vereinbart hatten, brachte sie Frau Karen-Heu noch zur Tür, nickte, gab ihr aber nicht die Hand zum Abschied, wie sie es auch schon nicht zur Begrüßung getan hatte, sodass es in den letzten fünfzig Minuten keine Konvention gegeben hatte, an der sich Nadja hätte orientieren können.

Am Abend schrieb Joyce, dass sie reden müssten.

- Es ist nicht wegen dir, verstehst du, aber ich kann die Situation hier unmöglich alleine packen. Du weißt es selbst. Sie sah nicht in die Kamera, während sie sprach. Es ist auch nur vorübergehend. Aber wir müssen uns jemanden holen.

Nadja blickte auf ihr in der Scheibe des Telefons müde aussehendes Gesicht.

- Jens wollte eigentlich zuerst Babette zu mir setzen. Aber das kann ich nicht. Du kennst mich, sagte sie und fuhr sich mit Daumen- und Zeigefinger über die gerunzelte Stirn.

- Ok, sagte Nadja und hätte ihr am liebsten ins Gesicht geschlagen. Schnell verdrängte sie diesen Gedanken.

Was wäre, wenn die neue Assistentin besser wäre als sie. Wenn sie noch länger nicht arbeiten könnte, würden sie sie ersetzen. Solche Dinge passierten, irgendwann war man einfach draußen. Weil man während der Krankschreibung nicht kündbar war, warteten sie ab, bis man wiederkam, und ließen die Sache von allein an die Wand fahren.

Es folgten die natürlichen Probleme. Zuerst musste man zurück in den Workflow, dann passierten die ersten Fehler. Gespräche mit dem Vorgesetzten, nette Worte, die gefunden wurden, die Tür, die vor einem geschlossen wurde. Von der Krankenkasse hatte sie bereits den zweiten Schrieb darüber erhalten, wie es denn nun weiterginge. Ob sie die bestmögliche Behandlung hatte und dass sie selbst für die schnellstmögliche Genesung mitverantwortlich sei.

Nadja zog ihren Mantel an und humpelte aus dem Haus. Sie musste jetzt sofort zur Arbeit fahren. So weit durfte es einfach nicht kommen.

Erst auf den letzten Metern versagten ihre Beine.

Dann fiel ihr alles wieder ein. Jeder Weg, den sie morgens zurückgelegt hatte, als noch keiner im Büro war, jedes Mal, wenn sie das Licht ausgemacht hatte, bevor sie abends nach Hause ging. Nun, da sie davorstand, schien das Gebäude wie die Villa der Möglichkeiten, die Instanz der Strafe.

- Kann ich Ihnen helfen?

In ihrem alten Büro starrte sie eine Frau von ihrem ehemaligen Platz aus an. Sie war sehr jung.

- Nadja?

Joyce legte ihren Löffel auf der Untertasse ab. Als er zu Boden fiel, klirrte es laut. Spätestens jetzt schauten alle.

- Was machst du hier?

Rolf war aufgestanden und ging langsam auf Nadja zu.

- Du sitzt auf meinem Platz, sagte Nadja zu der Frau auf ihrem Platz.

Immer noch irritiert schaute die Frau von Nadja in die verständnisvollen Gesichter der Projektleiter.

Was für eine unangenehme Situation. Sollten sie vielleicht jemanden holen? Wer kümmerte sich noch mal um solche Leute? Die Polizei?

Nadja ging auf sie zu.

- Nadja, komm, gehen wir raus.

Joyce war ebenfalls aufgestanden und streckte ihr ihre Hand hin. Nadja stand nun ganz dicht neben der jungen Frau, deren Hände zu einem faustenen Gebet in ihrem Schoß darniederlagen.

Sie beugte sich zu ihr hinunter. Das Mädchen roch nach einem teuren Parfüm und sah wirklich wunderschön aus, wie es Nadja so mit seinem angsterfüllten Rehblick ansah.

Nadja blickte über sie hinweg auf den Bildschirm.

- Du hast die Preise falsch hinterlegt.

- Was?

- Hier, sagte Nadja und tippte mit dem Finger mehrmals auf den Monitor.

- Ich hinterlege keine Preise, sagte das Mädchen leise.

- Natürlich hinterlegst du Preise, wir hinterlegen alle Preise, oder was soll das sein hier, ist das kein hinterlegter Preis?

- Nadja, sagte Joyce.

- Lüg mich nicht an, Mädchen! schrie Nadja.

- Aber das. Das geht automatisch, sagte das Mädchen.

- Nadja, wiederholte Joyce.

- Automatisch! rief Nadja und lachte laut. Wen habt ihr euch denn da an Bord geholt?

Sie hatte sich umsonst Sorgen gemacht, das Mädchen hatte offensichtlich Stroh im Kopf. Versöhnend schaute sie in die Runde.

- Die neue Version zieht sich die Preise automatisch, sagte Rolf.

- Neue Version? sagte Nadja. Neue Version?

- Hey.

Joyce packte sie am Arm und zerrte sie vom Schreibtisch weg.

Aus den Augenwinkeln konnte Nadja sehen, wie die anderen zu dem Mädchen gingen und es trösteten.

Draußen steckte sich Joyce zwei Zigaretten in den Mund, zündete sie an und gab eine davon Nadja.

- Ich rauche nicht, sagte sie.

- Jetzt schon, sagte Joyce.

Sie rauchten.

Eigentlich war es ziemlich gut. An Nadjas Schuh hatte sich ein Schnürsenkel gelöst.

- Scheiße, sagte sie und bückte sich, um ihn zuzubinden, wobei ihr eine dicke Haarsträhne ins Gesicht fiel. Sie fühlte sich speckig und fest an, als sie sie zurück hinter ihr Ohr schob.

- Also hör zu, du Bitch. Keiner kann so gut Preise hinterlegen wie du. Also reiß dich zusammen, wir sind hier nicht am Kiez.

Joyce sah unglaublich toll aus, wie sie da stand und Nadja anschnauzte. Sie versuchte sich vorzustellen, wie toll es sein musste, mit Joyce irgendwo hinzufahren, irgendwo anders zu sein als hier. Aber es gab dieses anderswo nicht und es gab sie beide außerhalb von alldem hier nicht, und nach diesem Moment würde das alles ein für allemal vorbei sein. Nadja wusste es und sie wusste, dass Joyce es auch wusste.

Sie bestellte ihr ein Taxi.

- Also dann, sagte Nadja.

- Du wirst sehen, sagte Joyce. Es wird alles wieder gut.

Das war die liebevollste Lüge, die Nadja je einer erzählt hatte.

In den darauffolgenden Tagen hatte sie die zweite Sitzung bei Frau Karen-Heu.

- Das machen die so, sagte Frau Karen-Heu, nachdem Nadja ihr das mit der Krankenversicherung erzählt hatte.

Den Zwischenfall auf der Arbeit hatte sie ihr verschwiegen. Sie musste ja schließlich nicht alles wissen.

- Alles nur eine Frage der Abrechnung.

Frau Karen-Heu sprach ruhig und ernst, während ihr Gesicht freundlich und entspannt blieb.

- Und jetzt? fragte Nadja.

- Wissen Sie, sagte sie, vielleicht geht es ja gar nicht um die anderen. Haben Sie sich das schon mal überlegt?

Es war Nachmittag und bereits dunkel draußen. Die Praxis war hell eingerichtet und obwohl sich nicht viel darin befand, wirkte sie vielmehr wie ein Wohnraum, ein Raum, in dem man sich gerne aufhalten soll. Beide sahen sie aus dem Fenster.

- Ich meine, sagte Frau Karen-Heu, es gibt eben Menschen, die sind einfach überlebensfähiger als andere.

Nadja blickte auf den kleinen runden Tisch zwischen ihnen, der aus geschwungenem Holz gebaut war.

- Ich muss zurück zur Arbeit, sagte sie.

- Na ja, sagte Frau Karen-Heu, gerade können Sie das nicht.

Sie sah zuerst Nadja, dann ihre Krücken an.

- Nein, Sie verstehen das nicht, ich muss zurück.

- Und das werden Sie auch wieder. Nur, sagte Frau Karen-Heu, vielleicht müssen Sie erst noch herausfinden, wo genau der richtige Platz für Sie ist. Sehen Sie, wir schauen jetzt einfach, dass Sie wieder zurück in Ihre Kraft kommen. Eigentlich haben Sie doch großes Glück, nicht wahr? Im Grunde schon.

Seit dem Telefonat mit Joyce hatte Nadja keine Nachrichten mehr auf ihrem Telefon. Nun, da sich ihr Körper fast vollständig verabschiedet hatte, wusste sie nicht, was zu tun war. Ihrer Mutter hatte sie erzählt, sie hätte eine schwere Grippe und könnte deswegen bis auf Weiteres das Haus nicht verlassen. Agnes bot ihr an, sie besuchen zu kommen. Sie bot ihr an, für sie einzukaufen. Nadja lehnte ab. Das machte Agnes ratlos. Aber es half nichts, sie musste selbst schauen, wo sie blieb. Eltern trugen ja nicht ewig die Verantwortung. Und sie hatte ihr sicher alles gegeben. Sie hatte ihr mehr gegeben, als sie sich selbst gegeben hatte. Sie war eine gute Ehefrau und eine gute Mutter gewesen. Das hatte sie mit sich versöhnt. Sie hatte sich nichts vorzuwerfen.

Wie vielleicht alle Kinder hatte Nadja es nicht erwarten können, in ein Alter zu kommen, da sie endgültig niemanden mehr brauchen würde. Wenn sie krank gewesen war, hatte sie sich in ihr Zimmer eingeschlossen, wie ein Tier, das sich zum Sterben zurückzog. Wenn sie sterben müsste, würde sie es in jedem Fall alleine tun. Der Gedanke an die Anwesenheit anderer Menschen dabei erschien ihr so unerträglich, dass sie sich sicher war, allein aus schlechtem Gewissen nicht sterben zu können. Die Leute konnten sich doch nie zusammenreißen am Krankenbett eines geliebten Menschen. Selbst in dieser letzten Stunde dachten sie nur an sich selbst, an das Leid, das ihnen bereitet würde durch den Tod dieses Menschen, an den sie sich geklammert hatten und der doch jetzt nicht einfach so sterben und sie allein lassen konnte.

- Sei nicht dumm, hatte Clemens gesagt und sie mit zu sich genommen.

Ihr Brustkorb verspannte wieder beim Atmen, und obwohl sie an keine Besserung mehr glaubte, war es ihr langsam egal geworden. Clemens schnitt Gemüse und rauchte bei geöffnetem Fenster. Sie setzte sich neben ihn auf die Eckbank, von wo aus seine Worte dumpf an sie herandrangen.

Kurze Zeit später lag sie in Decken gehüllt auf seiner Matratze. Clemens saß neben ihr, vom Schein des Fernsehbildschirms beschienen.

Die Tage blieben dunkel und verschlossen, und langsam fragte sie sich, wie lange sie noch damit durchkommen würde. Weihnachten stand vor der Tür, spätestens dann würde sie es nicht verheimlichen können. Es war das zweite Weihnachten nach Mareks Tod, und nie hätte sie rechtfertigen können, sich dem Restfamilienerhalt zu entziehen. Agnes schickte ihr jeden Tag eine E-Mail, in der sie ihr Sprüche und Anweisungen zu kleinen Rauhnacht-Ritualen zukommen ließ. Es waren die zwölf toten Tage, die Tage außerhalb der Zeit, in denen die Gesetze der Natur außer Kraft gesetzt waren. Agnes hielt die Wohnung in strengster Ordnung und ließ kleine Gegenstände auf dem Tisch, an dem sie nur noch kärgliche Mahlzeiten auf kleinen Tischsets zu sich nahm, um die weiße Tischdecke nicht zu beschmutzen.

Das letzte Mal hatten sie sich Allerseelen wieder gemeinsam am Grab getroffen. Sie hatten es damals zwei Tage nach seinem Tod gekauft. Beim Ausfüllen der Formulare hatte Nadja das kleine Kreuz auf dem Lageplan betrachtet, an dessen Stelle sie nun zurückkehrten. Agnes hatte ein beigefarbenes Kostüm mit hohen Schuhen angezogen und war wortlos ins Auto gestiegen. Ebenso wortlos wie man ihr ansah, wenn sie die Entscheidungen ihrer Kinder missbilligte, die gegen diese ihre Wortlosigkeit anliefen, die sie seit jeher gelehrt hatte, dass sie es nicht richtig machten. Er hätte dich nicht fahren sollen, war alles, was sie gesagt hatte, als sie aus dem Krankenhaus nach Hause gekommen waren.

Nachdem sie die Einladungen zur Trauerfeier versandt und ein Foto für das Zeitungsinserat ausgesucht hatten, waren sie ständig unter Leuten gewesen. Menschen, die Nadja nie gesehen hatte, riefen an oder kamen vorbei, umarmten sie oder saßen auf der Terrasse. Einmal war einer von Mareks Bekannten sehr lange geblieben.

- Dein Vater war wirklich ein toller Mann, hatte er gesagt, während sie gemeinsam rauchten.

Sie wären sich sehr nahegestanden, auch wenn sie sich nicht oft gesehen hätten. Dann nahm er Nadja fest in die Arme und atmete geräuschvoll in ihr Ohr. Sie war ja so zart, so verletzlich. Er würde sie beschützen. Sie könnte sich immer an ihn wenden, wenn sie etwas bräuchte. Das habe er Marek versprochen, dass er immer da sein würde für sie. Sanft streichelte er ihren Rücken und ließ seine Hände auf der Höhe ihres Steißbeins ruhen.

Sie könnte erzählen, sie wäre die Treppen hinuntergefallen. Beim Duschen ausgerutscht, Fahrradunfall, Haushalt. Eine Woche war vergangen, ohne dass sie mit jemandem gesprochen hatte.

Was machst du, schrieb sie nun an Clemens, während es ihr vorkam, als würde alles, was sie berührte, in einen wabernden Zustand versetzt werden. Sie klappte ihr Notebook auf und scrollte sinnlos die Facebook-Wall entlang, auf der man nun auch Gefühle zu seinen Beiträgen hinzufügen konnte. Nadja betrachtete die Fotos von Menschen, die sie nicht kannte, und klickte sich durch Posts von Veranstaltungen. Dann griff sie erneut nach dem Telefon, auf dem sich immer noch keine Antwort von Clemens befand.

Draußen hing ein so dichter Nebel, dass die Zweige der Bäume im Innenhof auf einen undurchsichtigen, entfernten Punkt hin zuzulaufen schienen. Wie auf Mareks Bildern, fand Nadja. Er hatte es geschafft, den Dingen etwas von ihrem eigentlichen Leben zu lassen, dem Gewicht, mit welchem sie in der Welt lagen, die sie auf die Menschen zurückwarf.

Er hatte es sich nicht leisten können, sich mit seinen Gefühlen auseinanderzusetzen. Vielleicht, dachte Nadja, war es, wie Kundera gesagt hatte. Dass die Vergangenheit letzten Endes für immer so lebendig sein würde, dass der Mensch, und ebenso also ihr Vater, sie kaputtmachen oder übermalen wollte. *Der Kampf des Menschen gegen die Macht ist der Kampf des Gedächtnisses gegen das Vergessen.* Merkwürdigerweise, dachte Nadja, blieb die Stimme der Ohnmächtigen immer etwas, das die Mächtigen ängstigte, als läge etwas Schillerndes in ihr, das sie nicht greifen konnten. Und vielleicht war das, was Le Guin mit der Utopie meinte, tatsächlich nichts anderes als Kunderas Totalitarismus, wenn er schrieb, dass auch die Herrschenden des Paradieses einen kleinen Gulag neben dem Garten Eden errichten mussten. Schließlich war heute nicht mehr viel übrig geblieben vom damaligen Freiheitsbegriff, von der Idee des Umsturzes seit dem Prager Frühling. Mittlerweile hatten sich alle den kulturellen Politiken des Neoliberalismus angepasst und die einstigen Ereignisse als gespenstischen Dunst zurückgelassen. Nicht mehr lange, und der sozialstaatliche Gedanke würde für immer verbannt sein.

Endlich gab es einen neuen Individualismus, direkt vom Bildungskanal in die Hirne der aufstrebenden Jungunternehmer geimpft. Man durfte nur keine Kritik am Wirtschaftssystem üben. Solche Leute gehörten lieber direkt an die Wand. Der Terrorismus lauerte ja überall. Da konnte man sich nie sicher sein, wer aus den eigenen Rängen plötzlich zu viel auflaberte.

- Mir ist aufgefallen ..., sagte Frau Karen-Heu, und streckte ihre Beine im Sitzen aus.

Während Nadja wartete, neigte Frau Karen-Heu den Kopf und schürzte die Lippen. Warum nur fiel es ihr bei dieser Klientin immer so schwer, sich zu konzentrieren?

- Sagen Sie, sind Sie ein gläubiger Mensch?

- Wie meinen Sie das?

- Sie haben immer diese Haltung. Wie in einer Beichte.

Sofort begann Nadja dagegenzuhalten. Aus ihrem Mund kamen Dinge wie Schuldzuweisung, Eigenverantwortung, Urteil. Sie hatte keine Ahnung, worauf sie hinauswollte.

- Sehen Sie, sagte Frau Karen-Heu, ich dachte so bei mir an das Jüngste Gericht. Das ist natürlich Grund genug für eine Neurose. Aber vielleicht gibt es ja auch noch etwas Drittes, etwas anderes zwischen der Neurose und dem Urteil, zwischen einem selbst und der Welt.

Verwirrt sah Nadja sie an und hätte gerne etwas Kluges dazu gesagt.

Sie wartete.

- Nicht? sagte Frau Karen-Heu dann und sah zu der Balkontür hinaus, eine Blickachse, die sie beide gerne nutzten, um das Gesagte darauf hin zu überprüfen, was tatsächlich stattfand.

Vor dem Fenster ging das Grau der Bäume in das Grau des drückenden Himmels über, in die vom Nass durchtränkte Luft, und die wie von fern erklingenden Krähgeräusche der Vögel, die sich plötzlich emporhoben zugunsten einer allumfassenden Gegenwart, in der sie waren und in der Nadja ihre Anwesenheit schlagartig wieder bewusst war. Einer der Vögel landete auf dem Balkon und sah sie direkt an, wie damals, als sich die Vögel um den Wasserteller versammelt hatten und einer von ihnen mitten auf dem Tisch gelandet war, von wo aus Nadja das Abperlen des Wassers auf dem schwarzen Gefieder beobachten konnte. Er hatte den Kopf in ihre Richtung geneigt, und kurz hatte Nadja das Gefühl gehabt, die Zeit existiere nicht und als wäre alles andere außer diesem den Kopf neigenden Vogel eine Kulisse. Nachdem Agnes kurz darauf mit dem Hörer im Türrahmen erschienen war, waren sie zusammen ins Auto gestiegen. Auf der Fahrt hatte sich der Himmel zusammengezogen, obwohl es gerade noch so mild gewesen war, und Nadja musste an den Urlaub in Spanien denken, als sich der Himmel am Strand auf dieselbe Weise verdunkelt hatte, während ihr Vater gerade im Wasser gewesen war, in welches sie hinterhergelaufen war und wo sie dann zusammen lachten, unter diesem blitzenden Himmel. Sie war in einen Bereich geraten, in dem sie haltlos war, einen Strudel aus den Elementen, in die sie irgendwann wieder übergehen würde, ein Gebiet des Übergangs, wie auch dann in diesem Auto, auf dieser Straße, die einem Wurmloch glich, und nur sie auf diesem Weg in eine dunkle Zone.

Als sie Frau Karen-Heu ihren Namen sagen hörte, fand sich Nadja vor der Balkontür sitzend wieder, an der Stelle, an der zuvor der Schnabel eingeschlagen war, wie ein dumpfer Schlag auf den Kopf. Sie drehte sich um.

- Ich muss gehen, sagte Nadja und hörte kurze Zeit später das harte Klackern der Krücken in ihrem Kopf, mit denen sie davonhumpelte.

Zu Hause blieb sie an die Wohnungstür gelehnt sitzen und blickte in einen Abgrund, in dem sie plötzlich ganz klar sehen konnte. Sie musste sich einfach mehr zusammenreißen. Schließlich lebte sie ja nicht im Krieg. Und nichts konnte doch so schlimm sein wie der Krieg. Sie müsste einfach ein bisschen mehr so sein wie Clemens. Clemens würde für immer sein, ein Monolith zwischen diesem Himmel und der Erde. Er handelte nach einem Kompass, der sein eigener moralischer Selbstzweck war. Mit ihm war sie gewappnet gegen die Welt, er aber war frei von Immunität, er brauchte sie nicht. Plötzlich wurde es ganz angenehm in Nadja. Es war ein ganz neuer Zustand. Der kalte einsame Ort in ihrem Inneren war verschwunden. Auf einmal war da plötzlich gar nichts mehr.

Kurz nach dem ersten Advent besuchte sie Clemens im Krankenhaus. Der Krebs war zurückgekommen und hatte seine Lunge befallen. Ab dem Stadium konnte es sich um zwei Jahre handeln oder Monate, genau konnte es niemand sagen. Es gab Menschen, die noch zehn Jahre lebten, aber diese Menschen waren dem Ende ihres Lebens etwa dreißig Jahre näher als Clemens. Sie wollten neben der Chemo mit einer neuen Immuntherapie beginnen, die sich gut bewährte. Clemens hatte sein Tablet auf dem Schoß, als Nadja kam. Er fuhr sich mit der Hand über die Augen und lachte.

- Entschuldige, sagte er und lachte weiter. Er schaute alle möglichen Videos über seine Facebook-App, YouTube-Tutorials, DIY-Videos auf Instagram. Er schaute Netflix und Amazon Prime. Er las Dostojewski über Kindle und meinte, dabei schlafe er besonders gut ein.

- Diese Russen, sagte er. Wollen immer was und tun das Gegenteil, und am Ende sitzen sie am Strand und sind alle ein bisschen traurig.

Nadja erinnerte sich daran, wie sie sich im Herbst vor zwei Jahren an der Poccistraße getroffen hatten, an der der gleißende Himmel über das Kreisverwaltungsreferat gefallen war, vor dem all die Menschen gestanden hatten, Wohnungssuchende, Arbeitsuchende, Flüchtlinge, Kleinfamilien, Großfamilien, Menschen mit Bier, Menschen mit frisch gedruckten Studienpapieren. Sie erinnerte sich an all die Male, in denen sie im Kreisverwaltungsreferat gesessen hatte, erste Wohnungsanmeldung, Ausweis verloren, Anmeldung Kleingewerbe, zweite Wohnung, Abmeldung Kleingewerbe, dritte Wohnung. Sie erinnerte sich an die Nummern, die sie gezogen hatte, an die Wartezeiten, die in unregelmäßiger Langsamkeit vor sich hingelaufen waren, wie beim Warten im Flur der Universität, wenn wieder etwas nicht geklappt hatte bei der Einschreibung, Rückmeldung, Umschreibung, weil irgendetwas immer fehlte, fehlen musste, um die ständige Spannung so aufrechtzuerhalten, dass es ein Spiel der Wiederholung war, mit offenem Ausgang. Russisch Roulette, hatte sie zu Clemens gesagt, als er sich neben sie gesetzt hatte, und dann: Mein Vater ist tot. Sie hatte all die Menschen vor dem KVR gesehen, Frauen in hippen Kleidern und Menschen auf Fahrrädern, flimmernden Asphalt von einer tief stehenden Sonne, sie hatte die Vögel in den Bäumen gesehen und das weiße Rauschen unter einem stechenden Himmel, wie die Unbarmherzigkeit der Hitze vor einem niemals endenden Gewitter, das sie noch verschonte, während Clemens ihr dabei zugesehen hatte, wie sie das kalte Bier in sich hineinschüttete, um ihre brennenden Wangen zu beruhigen, bevor sie die Finger an ihre Schläfen legte und sagte: Wie macht man das jetzt?

Als sie erneut zu ihm fuhr, saß er im Bett und zog sich die großen Kopfhörer von den Ohren.

- Was hörst du?

- Malenkov. Sieg über die Sonne.

Er setzte ihr die Kopfhörer auf.

- Ich mein, das ist schon enorm, oder? Der Neue Mensch. Siegt nicht nur über allen alten Götterglauben und die Götter, der Mensch besiegt auch einen gigantischen 2,3-Millionen-Durchmesser-Fusionsreaktor im Weltall, der seit fünf Milliarden Jahren mit Millionen Grad brennt. Ergo, der Mensch besiegt auch die Naturgesetze. Das ist doch wirklich die vollständige Traumatisierung der Bevölkerung, oder?

Sie besuchte ihn jeden Tag. Immer war es zu heiß in diesen Räumen, die nach Körper und Künstlichem rochen, wie die Flure und der Shop, in dem man kleine Geschenke kaufen konnte, die manche vielleicht nicht mehr lange hatten. Sie tranken Kaffee in der Krankenhauscafeteria, während draußen kein Schnee fiel.

Zu Hause stützte Nadja sich auf der Küchenablage ab und dachte daran, wie sie sich damals beim Apfelschneiden in die

Kuppe des kleinen Fingers geschnitten hatte, beinahe abgetrennt, den Nagel durchsäbelt, wie ihr Vater damals mit dem Rasenmäher, hatte sich einfach den kleinen Zeh mit abgemäht und war dann mit einer Tüte ins Krankenhaus gefahren, in der er die Kuppe seines Zehs transportiert hatte, und Nadja erinnerte sich an das Stück Körper in dieser Plastiktüte und diesen seinen bleichen, aber völlig ruhigen Gesichtsausdruck wie bei einem Kind, dessen Aufmerksamkeit ganz bei einer Sache ist. *Jetzt bin ich wieder ganz* hatte er danach gesagt und allen seinen Fuß gezeigt, und immer wieder hatte man seinen Körper zusammengenäht, der überall Narben hatte und doch unzerstörbar war, während ihre Mutter kleine Kügelchen gegen alles schluckte, kleine weiße Kügelchen gegen das Kopfweh und das Wetter, gegen die Kinder und den Schatten, den die Bilder ihres Mannes warfen, und den sie sauber putzen wollte, zu einer klaren weißen Fläche.

Jeden Tag gingen Nadja und Clemens die gleichen farbig markierten Wege des Krankenhauses auf und ab. Sie kannten sie alle, liefen sie vorwärts und rückwärts, liehen sich Rollstühle aus, in denen sie nebeneinander fuhren. Die Menschen machten ihre Weihnachtseinkäufe, und immer noch hatte es dieses Jahr kaum Schnee gegeben. Irgendwann hielt Clemens vor der Scheibe des langen Flures an und sah nach draußen. Nadja rollte zu ihm und sah zuerst ihn an und dann ebenfalls durch die Scheibe.

- Es ist alles geregelt, sagte er. Die Ärzte haben meine Patientenverfügung und mein Testament, ihr werdet nicht viel Arbeit haben. Und noch was, sagte Clemens, und Nadja starrte weiter nach draußen, wo die Leute vorbeigingen, wie sie es immer taten, in ihren kleinen wunderbaren Scheißleben.

Er holte eine kleine Figur aus der Tasche und stellte sie vor sie auf die Balustrade.

- Was ist das?

- Mein neuer Baby-Roboter. Don. In Wirklichkeit ist er schon ein richtiger Boy. Er steht auf seine Cousine Nancy.

- Nancy?

- Oh ja. Obwohl sie zwei kaputte Beine hat, kann sie sich bewegen wie ein Flummi.

Nadja nahm Nancy in die Hand und ließ ihren Rumpf kreisen.

- So was hatte ich als Kind. Ich war richtig gut.

- Keine Beine?

- Nein, Hula Hoop.

Nancys Rumpf bewegte sich weiter zwischen ihren Fingern.

- Und was kann Don?

- Don. Clemens schob ihn in Richtung der Fensterscheibe und bog seine Arme nach oben. Don kann richtig gut himmeln. Egal bei welchem Wetter.

Sie sah Clemens an und schaute dann in den grauen Himmel, in dem kleine Löcher waren.

- Ich sags dir, Nadja. Keiner himmelt so gut wie Don.

Kurz vor Weihnachten erhielt Nadja eine Karte von der Arbeit. Joyce musste sie besorgt haben, es war eine von diesen Glitzerweihnachtskarten mit dicken bunten Christbaumkugeln und einem übertrieben geschwungenen Schriftzug. Nadja klappte die Karte auf, es waren die üblichen Wünsche: Frohe Festtage, Gesundheit und ein besseres neues Jahr. Darunter versammelten sich die Unterschriften der Projektleiter, denen Joyce hinterhergelaufen sein musste, nur um ihr zu beweisen, dass sie nicht vollkommen egal war.

Agnes hatte die Wohnung von oben bis unten mit Weihnachtsdeko geschmückt. Es waren all die Dinge, die Nadja seit ihrer Kindheit kannte und die sie immer in einem Akt der Zelebration zu Beginn des Advents im Haus verteilt hatten, mit Punsch und Plätzchen und Weihnachtshits der 50er- und 60er-Jahre. Ein paar Sachen hatten den Umzug nicht überlebt, einige hatte sie aussortiert. Selbstgebasteltes, von Kerzenrauch Verfärbtes oder Angesengtes. Alles andere hatte sie aufgehängt und aufgestellt, all die glänzenden und leuchtenden Dinge, die davor das Haus ihrer Kindheit mit diesem Weihnachtsduft erfüllt hatten und die jetzt die Wohnung erscheinen ließen wie einen Messiehaushalt.

Als Nadja die Bilder betrachtete, die Agnes von ihnen aufgestellt hatte, wurde ihr zum ersten Mal die ganze Leere im Leben ihrer Mutter bewusst, die keinen Ersatz finden konnte, da sie alle gegangen waren.

- Ich dachte mir, ich öffne heute einen Seurat, er atmet schon den ganzen Tag, sagte sie. Er war ein Geburtstagsgeschenk von Papa.

Sie stellte die Flasche auf den Tisch und stand mit einem Glas in der Tür. Nadja nickte, Agnes holte ein zweites, schenkte jedes Glas zu einem Viertel voll ein. Sie sahen sich an, sahen die Fotos an, die sie nicht erzählten, während sie hier saßen an einem Weihnachten eines beliebigen Jahres, deren Protagonisten sie nicht waren, sondern lediglich diejenigen, die zufällig übriggeblieben waren.

Nach Mareks Tod hatte es noch Leonard Cohen, Fidel Castro und Carrie Fisher erwischt. Im September dazwischen wurde Donald Trump zum amerikanischen Präsidenten gewählt. Es war das Jahr der AfD, das Jahr, in dem Bob Dylan den Literatur-Nobelpreis gewonnen hatte und es war ein weiteres Jahr von Terroranschlägen und Amokläufen. All das war passiert, es war der Kontext, in dem sie sich bewegt und in dem sie doch ihr kleines abwesendes Leben weitergeführt hatten.

Agnes lachte.

- Ich freu mich so, dass du da bist, sagte sie.

Sie stießen an, und sofort merkte Nadja, wie das erdige Getränk sie in Brand steckte, geradezu nach Tanzen war ihr auf einmal. Agnes fing nun ebenfalls an, sich zu den Klängen dieser wunderbaren Musik zu bewegen, die war wie die Schellen der Rentiere in dem niemals endenden Märchen ihrer Leben. Es war, wie sie es sich immer gewünscht hatte. Endlich waren nur sie beide übrig. Und von jetzt an würden sie für immer zusammen sein. Regelrecht zurücksteigen konnten sie nun in diese fabelhaften Welten. Und dann waren da noch all diese herrlich bunten

Kugeln und Engel, die sie an die frisch duftenden Äste des Baums hängten und die behände hoch- und runterwippten. Agnes hatte jetzt auch einen Greenscreen zum Videosmachen. Vielleicht würde sie eine richtige Engel-Influencerin werden. Das wäre meta. Sie lachte. Nadja lachte auch. Und plötzlich war da keine Schuld und kein Gewissen, sondern nur noch die grenzenlose Unverstelltheit, in die hinein sie sich gebaren und freisprachen von ihren Fehlern, fernab der glasigen Publikumsblicke auf Mareks Vernissagen, die gehofft hatten, eine Erscheinung würde alsbald zu ihnen herabfahren.

Als Nadja am nächsten Morgen die Augen öffnete, konnte sie nicht sehen. Blind tastete sie sich durch den schmalen Gang und stieß gegen alles, was herumstand. Im Bad hielt sie den Kopf unter den Wasserhahn und stellte Agnes ein Glas Wasser auf den Nachttisch, wie jemandem, mit dem man die Nacht verbracht hat, für dessen Tod man aber keine Verantwortung tragen will. Als sie neben ihrer Mutter stand, brannten ihre Augen wie verrückt.

- Was machst du? fragte Agnes.

- Ich muss gehen, sagte Nadja.

- Ah. Dann muss ich das Wohnzimmer wohl alleine aufräumen, sagte Agnes, und drehte sich auf die andere Seite.

Am Nachmittag kaufte sich Nadja ein paar von diesen kleinen Schnapsflaschen gegen den allzu schlimmen Comedown. Die passten ganz wunderbar in jede Taschenöffnung hinein.

- Schnitte im Kopf, sagte sie im Krankenhaus zu Clemens. Das ist wie, kannst du nicht mal fragen hier, wegen dem Gehirntumor, vielleicht ist das alles, weil mein Kopf kaputtgeht.

- Red keinen Müll.

- Er implodiert, sagte Nadja und schaute in den Himmel, in dem kleine Löcher waren.

- Die Welt, sagte Clemens, ist nicht gegen dich.

Nach Weihnachten schickte Joyce ihr ein paar Fotos davon, wie sie auf eine Piñata einschlug. Neujahr geht es los, stand darunter mit einigen Kuss-Smileys. Draußen war es warm, es hatte nur zweimal geschneit in diesem Winter. Es war die Zeit zwischen den Jahren, die Zeit, in der die Leute ihre Geschenke umtauschten und es nicht müde waren, einfach weiter zu konsumieren, in einem anhaltenden Dauerrausch, der zu Beginn des neuen Jahres in der kollektiven Depression münden würde. Nadja hatte es gemocht, zwischen den Jahren zu arbeiten, wenn niemand im Büro war und die langen Flure des Gebäudes fast etwas Sakrales hatten.

In den Fluren des Krankenhauses standen noch immer die unzähligen Weihnachtsbäume, an den Zimmertüren hingen Zweige mit kleinen Kugeln oder selbst gebastelten Engelskindern.

Vor den großen Fenstern explodierten bereits die ersten Feuerwerkskörper und tauchten den weißen Raum in bunte Farben. Seit Stunden saß sie nun neben Clemens, während er schlief. Wenn er aufwachte, sah er sie manchmal kurz an, fuhr sich mit der Zunge über die Lippen und schlief wieder ein. Die anderen schliefen zum Teil auch, manche sahen wie Nadja auf die hellen Funken über den Dächern, während die Geräte ihre immerzu gleichen Geräusche machten und alles eins geworden war, die Geräte, die Lichter und sie. Das war es also.

- Du hast es immer noch nicht verstanden, oder? sagte Clemens und hob grinsend das kleine Ufo zwischen den Fingern in die flirrenden Lichtschwaden vor ihnen.

- Nicht das Ufo, sagte Nadja.

- Halt die Kamera jetzt direkt drauf.

Sie schüttelte den Kopf und nahm die Kamera aus der Schublade des schiebbaren Gestells neben ihm. Sie sahen sich an, Clemens nickte, und Nadja stellte die Linse gerade so scharf, dass die Farben um sie herum ineinanderliefen und sie leuchteten wie Teile des Alls, des Zuckens dieser Welt, während die große bunte Rakete vor dem Fenster unbeirrbar auf sie zugeflogen kam.

- Und jetzt geh, sagte er.

- Wohin? fragte Nadja.

Er sah sie an.

In den Fluren des Krankenhauses blieb ihr Blick auf die farbigen Bodenmarkierungen gerichtet.

Erneut nahm sie einen Schluck aus der kleinen Flasche.

Draußen war es ungewöhnlich warm. Es war sogar richtig frühlingshaft.

Neben dem Aschenbecher stand der Krankenhauswächter und rauchte. Nadja schnorrte sich eine Zigarette.

- Frohes Neues, sagte er.

Als er wieder reinging, drückte sie die Kippe an ihrem Handgelenk aus.

Die zitierten Auszüge aus Kunderas Roman *Das Buch vom Lachen und Vergessen* auf den Seiten 41/42 und 160 stammen aus der Übersetzung von Franz Peter Künzel aus dem Jahr 1980 im Suhrkamp Verlag.

Das Zitat von Ursula K. Le Guin auf den Seiten 124 f. ist dem Essay *A Non-Euclidean View of California as a Cold Place to be* entnommen, übersetzt von Matthias Fersterer, 2020.

Andere Passagen sind ebenfalls an diesen sowie den Aufsatz *A War Without End* aus der von Fersterer zusammengetragenen Aufsatzsammlung von Ursula K. Le Guin *Am Anfang war der Beutel* (thinkOya/Drachenverlag) angelehnt.

All mein Dank gilt Flo, Andi, Pillen vor die Hunde, Daniel, Konsti, meiner Familie und meinen beiden Michaels.

Clemens Meyer
Stäube

Erzählungen
Mit Fotos von Bertram Kober
Hardcover mit Schutzumschlag
und Lesebändchen
ISBN 978-3-86730-158-9

»Wenn Meyer mit unbestechlicher Lakonie über Abraumhalden, Wüstungen und Bergwerke schreibt, sind das immer auch innere Landschaften. Das gilt auch für Bertram Kobers Fotografien von Höhlen, Gestein und Verfall, die dem Band beigegeben sind.«
Jörg Magenau in der Süddeutschen Zeitung

»Das liest sich eindrucksvoll und verstörend, aber auch mitreißend, denn Meyer versucht nichts weniger, als ein Zeitbild zu entwerfen, von den Neunzigerjahren bis heute.«
Nicole Henneberg in der Frankfurter Allgemeinen Zeitung

Bernd Wagner

Verlassene Werke

Hardcover mit Schutzumschlag
und Lesebändchen
ISBN 978-3-86730-223-4

Dieses Opus magnum des Autors ist der Versuch, der allgegenwärtigen äußeren Chronologie der historischen Ereignisse eine innere entgegenzusetzen.

Ein fulminantes Erinnerungswerk mit zahllosen begonnenen und wieder abgebrochenen Erzählungen. Ein Blick in den damals legendären Berliner Künstlerkreis im Prenzlauer Berg. Verlassene Werke, die zu schön und anregend sind, um vergessen zu sein. Sie werden hier endlich aufgelassen.

Hélène Jousse

Die Hände des Louis Braille

Roman

Aus dem Französischen von Chritine Cavalli
und Michael Hohmann

Hardcover mit Schutzumschlag
und Lesebändchen

ISBN 978-3-86730-138-1

Constance, eine erfolgreiche Dramaturgin, erhält den Auftrag, ein Drehbuch über den Erfinder der Blindenschrift zu schreiben. Voller Faszination für Louis Braille stürzt sie sich in die Recherchen über dieses Genie.
Die Autorin erkundet die Kraft der Großzügigkeit und feiert die Bescheidenheit eines einfachen Helden, der aus seinem Leben ein Schicksal gemacht hat.

»Die Würde des Menschen ist tastbar. Auch darum geht es im Romandebüt der Bildhauerin Hélène Jousse.«
Janina Fleischer in der Leipziger Volkszeitung

Bernd Wagner

Verlassene Werke

Hardcover mit Schutzumschlag
und Lesebändchen
ISBN 978-3-86730-223-4

Dieses Opus magnum des Autors ist der Versuch, der allgegenwärtigen äußeren Chronologie der historischen Ereignisse eine innere entgegenzusetzen.

Ein fulminantes Erinnerungswerk mit zahllosen begonnenen und wieder abgebrochenen Erzählungen. Ein Blick in den damals legendären Berliner Künstlerkreis im Prenzlauer Berg. Verlassene Werke, die zu schön und anregend sind, um vergessen zu sein. Sie werden hier endlich aufgelassen.

Hélène Jousse

Die Hände des Louis Braille

Roman
Aus dem Französischen von Chritine Cavalli
und Michael Hohmann
Hardcover mit Schutzumschlag
und Lesebändchen
ISBN 978-3-86730-138-1

Constance, eine erfolgreiche Dramaturgin, erhält den Auftrag, ein Drehbuch über den Erfinder der Blindenschrift zu schreiben. Voller Faszination für Louis Braille stürzt sie sich in die Recherchen über dieses Genie.
Die Autorin erkundet die Kraft der Großzügigkeit und feiert die Bescheidenheit eines einfachen Helden, der aus seinem Leben ein Schicksal gemacht hat.

»Die Würde des Menschen ist tastbar. Auch darum geht es im Romandebüt der Bildhauerin Hélène Jousse.«
Janina Fleischer in der Leipziger Volkszeitung

Robert Cohen

Anna Seghers im Garten von Jorge Amado

Eine Novelle
Hardcover mit Schutzumschlag
und Lesebändchen
ISBN 978-3-86730-211-1

Ausgehend von einem historischen Foto und wenigen historischen Fakten formt der Autor ein Textgewebe, worin das Märchenhafte und Phantastische überwiegen; zudem die gemeinsam mit der Seghers empfundene große Zuneigung für und Hinwendung zu einem der ganz großen Dichter der lateinamerikanischen Literatur.

»Cohens Erzählung ist eine spannende und aufschlussreiche Gelegenheit, sich diese in ihren Grundfesten und Grundfragen ganz andere Welt von gestern noch einmal vor Augen zu führen.«
Bernadette Conrad in der Weltwoche

Gestaltung
Thomas Walther, BBK, Dresden

Foto
Sabphoto/stock.adobe.com

Satz
Ö GRAFIK, Dresden

Schrift: Servus Slab, Apotek
Papier: Munken Premium Cream

Druck und Bindung
CPI, Ulm
Printed in Germany

Aus Gründen des Umweltschutzes
schweißen wir unsere Bücher nicht
mehr ein.

ISBN 978-3-86730-225-8

Dieses und weitere Bücher
finden Sie auch im Internet unter
www.verlagfaberundfaber.de